W0253570

Der praktische Faßeichmeister

Ein Hand- und Hilfsbuch für Eichmeister, Brauereibesitzer, Küfer usw.

Unter Benutzung amtlicher Quellen

herausgegeben von

Dr. Plato

Kais. Geh. Regierungsrat
und Mitglied der Kais. Normal-Eichungskommission

Mit 6 Textfiguren

Springer-Verlag Berlin Heidelberg GmbH 1912

ISBN 978-3-662-38676-7 ISBN 978-3-662-39550-9 (eBook)
DOI 10.1007/978-3-662-39550-9
Softcover reprint of the hardcover 1st edition 1912

Vorwort.

Mit dem 1. April 1912 tritt die Maß- und Gewichtsordnung vom 30. Mai 1908 in Kraft. Damit wird auf dem Gebiete des Faßeichwesens ein Umschwung von einschneidenster Wirkung eingeleitet. Nicht nur dehnt das Gesetz in § 9 die Verpflichtung zur Verwendung geeichter Fässer auch auf die Fälle aus, in denen Obstwein oder Bier dem Käufer überliefert wird, sondern es führt auch in § 11 für alle eichpflichtigen Fässer noch den Zwang zur regelmäßigen Wiederholung der Eichung in bestimmten Fristen ein (periodische Nacheichung). Die Anzahl der jährlich zu eichenden Fässer wird sich in Zukunft mindestens verfünffachen; besitzt doch die deutsche Brauindustrie allein gegen 20 Millionen Fässer. Die Faßeichung gewinnt daher gegen früher eine wesentlich erhöhte Bedeutung, und es wird dem Eichbeamten willkommen sein, wenn er die allenthalben, in der Maß- und Gewichtsordnung, in der Eichordnung, in der allgemeinen und besonderen Instruktion, in den Bundesratsverordnungen über die Verkehrsfehlergrenzen, über die Stempelzeichen, über die Eichgebühren und schließlich in der Kaiserlichen Verordnung über das Inkrafttreten der Maß- und Gewichtsordnung zerstreuten Vorschriften hier gesammelt findet. Aber auch für viele Gewerbetreibende, besonders Weingutsbesitzer, Küfer und Weinhändler, ferner Brauereibesitzer, Gastwirte usw. wird die Sammlung von Bedeutung sein, da sie ihnen wichtige Aufschlüsse über ihre Rechte und Pflichten gibt und alle Fragen, soweit sie das Faßeichwesen betreffen, beantwortet. Zahlreiche Anmerkungen und Erläuterungen erleichtern das Verständnis aller schwierigeren Stellen in den Bestimmungen und werden dem Werkchen namentlich auch für den Nichtfachmann Wert verleihen.

Wilmersdorf, im Januar 1912. **Plato.**

Inhaltsverzeichnis.

I. Die Bestimmungen der Maß- und Gewichtsordnung vom 30. Mai 1908.

§ 9.

Wein, Obstwein und Bier dürfen bei faßweisem Verkaufe dem Käufer nur in solchen Fässern überliefert werden, welche auf ihren Raumgehalt[1]) geeicht sind[2]).

Eine Ausnahme[3]) findet bezüglich desjenigen ausländischen Weines, Obstweins und Bieres statt, dessen Weiterverkauf in den Originalgebinden erfolgt. Ebenso findet eine Ausnahme bezüglich desjenigen ausländischen Weines statt, dessen Weiterverkauf in ausländischen, für den betreffenden Wein im Ursprungslande gebräuchlichen Gebinden und dessen Berechnung nicht nach Litern, sondern nach der Bezeichnung des Gebindes (Oxhoft, Pipe, Both usw.) erfolgt, auch wenn Umfüllungen des Weines stattgefunden haben.

§ 10.

Die Eichung besteht in der vorschriftsmäßigen Prüfung und Stempelung der Meßgeräte durch die zuständige Behörde; sie ist entweder Neueichung oder Nacheichung[4]).

§ 11.

Die dem eichpflichtigen Verkehre dienenden Meßgeräte sind innerhalb bestimmter Fristen zur Nacheichung zu bringen. Die Fristen, innerhalb deren die Nacheichung vorzunehmen und zu wiederholen ist, betragen bei

a) ...... den Fässern für Bier zwei Jahre,

b) ...... den Fässern für Wein und Obstwein drei Jahre.

Die Frist beginnt mit dem Ablaufe desjenigen Kalenderjahres, in welchem die letzte Eichung vorgenommen worden ist. Bei Fässern, in denen Wein gelagert ist, endet die Nacheichungsfrist nicht, bevor das Faß entleert worden ist[5]).

§ 13.

Im eichpflichtigen Verkehr ist ..... die Anwendung von unrichtigen Fässern untersagt[6]).

Als unrichtig gelten diejenigen Meßgeräte, welche über die vom Bundesrate festgesetzten Grenzen (Verkehrsfehlergrenzen) hinaus von der Richtigkeit abweichen[7]).

§ 15.

Die Eichung wird durch Eichämter ausgeübt[8]). Sie werden hierzu mit den erforderlichen Eichnormalen, Apparaten und Stempeln ausgerüstet. Die Eichämter können auf besondere Zweige des Eichwesens beschränkt werden[9]).

§ 21.

Meßgeräte, die den Vorschriften dieses Gesetzes entsprechend geeicht sind, dürfen im ganzen Reichsgebiet angewendet werden[10]).

§ 22[11]).

Wer in Ausübung eines Gewerbes den Vorschriften der §§ 6 bis 9, 11, 13 dieses Gesetzes, den auf Grund des § 12 dieses Gesetzes erlassenen Anordnungen des Bundesrats oder den sonstigen Vorschriften der Maß- und Gewichtspolizei zuwiderhandelt, wird mit Geldstrafe bis zu 150 Mark oder mit Haft bestraft. Der Ausübung eines Gewerbes im Sinne dieser Vorschrift steht der Geschäftsbetrieb von Vereinen auch insoweit gleich, als er sich auf die Mitglieder beschränkt.

Neben der Strafe ist auf die Unbrauchbarmachung oder die Einziehung der vorschriftswidrigen Meßgeräte zu erkennen, auch kann deren Vernichtung ausgesprochen werden. Es macht keinen Unterschied, ob die Geräte dem Verurteilten gehören oder nicht. Ist die Verfolgung oder Verurteilung einer bestimmten Person nicht ausführbar, so kann auf die Unbrauchbarmachung oder die Einziehung und auf die Vernichtung selbständig erkannt werden.

§ 24.

Für diejenigen Meßgeräte, welche beim Inkrafttreten dieses Gesetzes bereits mit einem die Zeit ihrer Eichung oder letzten Nacheichung bezeichnenden Jahreszeichen versehen sind, beginnen die im § 11 festgesetzten Fristen für die Nacheichung oder deren Wiederholung mit dem Ablaufe des so bezeichneten Kalenderjahrs; für diejenigen Meßgeräte, die noch kein Jahreszeichen tragen, mit dem Ablaufe des Jahres, in welchem dieses Gesetz in Kraft tritt.

Kaiserliche Verordnung, betreffend das Inkrafttreten der Maß- und Gewichtsordnung vom 30. Mai 1908. Vom 24. Mai 1911 (Reichs-Gesetzbl. S. 244).

Wir Wilhelm, von Gottes Gnaden Deutscher Kaiser, König von Preußen usw., verordnen auf Grund der Vorschrift im § 23 Abs. 1 der Maß- und Gewichtsordnung vom 30. Mai 1908 (Reichs-Gesetzbl. S. 349) im Namen des Reichs mit Zustimmung des Bundesrats, was folgt:

§ 1.

Die Maß- und Gewichtsordnung vom 30. Mai 1908 tritt, vorbehaltlich der nachfolgenden Bestimmungen, am 1. April 1912 in Kraft.

§ 2.

Die Vorschrift im § 7 der Maß- und Gewichtsordnung über die Neueichung der im Bergwerksbetriebe zur Ermittelung des Arbeitslohns dienenden Förderwagen und Fördergefäße sowie die Vorschrift im § 9 über die Eichung der Bierfässer treten am 1. Januar 1913 in Kraft.

§ 3.

Hohlmaße für trockene Gegenstände zu $^1/_4$ Hektoliter sind bis zum 31. Dezember 1922 im Verkehre zulässig.

Urkundlich unter Unserer Höchsteigenhändigen Unterschrift und beigedrucktem Kaiserlichen Insiegel.

Gegeben Neues Palais, den 24. Mai 1911.

(L. S.) Wilhelm.

Delbrück.

Erläuterungen.

1. Die Eichpflicht der Fässer, soweit sie nicht als Maße anzusehen sind, beruht auf wesentlich anderen Voraussetzungen wie die derMaße (§ 6 der Maß- und Gewichtsordnung). Ein Faß unterliegt dem Eichzwange nur dann, wenn

a) es mit Wein, Obstwein oder Bier gefüllt ist;

Leere Fässer sind nicht eichpflichtig, auch wenn sie offensichtlich zum faßweisen Verkaufe der genannten Flüssigkeiten dienen und zum Gefülltwerden bereit gehalten werden. Ebensowenig sind Fässer eichpflichtig, die mit anderen Flüssigkeiten, wie Milch, Petroleum, Spiritus, Öl, alkoholfreien Getränken, Lauge usw. gefüllt sind. Eichfähig sind auch solche Fässer. Werden sie zur Eichung vorgelegt, so sind sie bei der Prüfung und Stempelung genau wie die eichpflichtigen Fässer zu behandeln.

b) es mit Wein, Obstwein oder Bier dem Verkäufer überliefert wird;

Mit Wein, Obstwein oder Bier gefüllte Fässer sind also nicht ohne weiteres eichpflichtig. Lagerfässer sind es überhaupt nicht Aber auch gefüllte Verkaufsfässer können in Kellereien, Speichern, Güterboden eingelagert, sie können auf der Eisenbahn oder auf Gespannen fortgebracht werden — die Eichpflicht beginnt erst in dem Augenblicke, wo die in ihnen befindliche Flüssigkeit dem Käufer überliefert wird. Die Entscheidung darüber, wann im Einzelfall die Überlieferung stattfindet, steht den ordentlichen Gerichten zu. Im allgemeinen wird man aber davon ausgehen können, daß die Überlieferung in dem Augenblicke erfolgt, in dem der Käufer das Besitz- und Verfügungsrecht über den Faßinhalt erhält. Wenn z. B. ein Gastwirt 5 Hektoliter Bier bestellt, so hat er damit nicht den Inhalt bestimmter Fässer erworben, vielmehr geht das Bier erst dann in seinen Besitz über und steht zu seiner freien Verfügung, wenn es tatsächlich zu seinen oder seiner Angestellten Händen übergeben ist. Die Überlieferung geschieht unmittelbar von Hand zu Hand. Bei Weinversteigerungen dagegen erfolgt die Überlieferung rein formell durch den Zuschlag. Der Käufer braucht das Faß nicht einmal gesehen zu haben und kann es noch jahrelang lagern lassen, ehe er es tatsächlich übernimmt, aber das Besitz- und Verfügungsrecht über den Faßinhalt gewinnt er lediglich durch den Zuschlag.

c) der Verkauf der Flüssigkeiten nach dem Faßinhalt (faßweise) geschieht, gleichviel ob dabei die genaue Literzahl berechnet wird, oder eine der Faßbezeichnung (Fuder, Stück, Tonne, Viertel usw.), nach den Handelsgeflogenheiten entsprechende Litermenge.

Fässer, deren Raumgehalt für die Preisberechnung ihres Inhalts ohne Bedeutung ist, unterliegen nicht der Eichpflicht. Wenn Bier in einem Faß nur von den Lagerräumen einer Brauerei in die Schankräume übergeführt und dort glasweise oder literweise an die Kunden abgegeben — ausgelitert — wird, so findet kein faßweiser Verkauf statt, das Faß dient nur als Transport- oder Aufbewahrungsgefäß und ist daher nicht eichpflichtig. Der gleiche Fall liegt vor, wenn ein Faß nur teilweise befüllt und sein Inhalt nach Litern verkauft wird, wie es z. B. bei obergärigen Bieren vielfach geschieht. Eichpflichtig ist hier nur das Maß, mit dem im erstgenannten Falle das Bier den Kunden zugemessen, im letzteren Falle in das Faß eingemessen wird. Schankgefäße sind nicht eichflichtig, sie unterliegen den Bestimmungen der Gesetze betreffend die Bezeichnung des Raumgehalts der Schankgefäße vom 20. Juli 1880 (Reichs-Gesetzbl. S. 249) und vom 24. Juli 1909 (Reichs-Gesetzbl. S. 891).

Ein faßweiser Verkauf findet nicht nur statt, wenn das Faß gleichzeitig als Transportgefäß dient und dem Käufer mit dem Inhalt überliefert wird, sondern auch dann, wenn es wie ein Maß benutzt wird. Wenn aus einem großen auf dem Wagen bleibenden Fasse die Flüssigkeit — man findet diese Art des Handels z. B. bei Braunbier, Werderschem Bier usw. — in ein kleines Faß übergefüllt und mit diesem dem Käufer in die Wohnung gebracht und in ein bereit gehaltenes Gefäß entleert wird, so ist das kleine Faß eichpflichtig, wenn der Preis nach dem aufgebrachten Inhalt berechnet wird, obwohl das Faß in den Händen des Verkäufers verbleibt, denn der Verkauf ist ein faßweiser und auch die Bedingungen unter a und b treffen zu.

Ob das Faß dem Käufer oder Verkäufer zu eigen gehört, ist gleichgültig. Das Gesetz macht hierin auch bei den Maßen, Gewichten und Wagen keinen Unterschied. Eichpflichtig ist daher z. B. das sogenannte Führfaß, mit dem der Einkäufer des Mostes sich die ihm von den Winzern gelieferten Mengen zumißt und abholt. Auch hier findet ein faßweiser Verkauf statt und die Flüssigkeit wird in dem Fasse überliefert. Man kann in diesen beiden letztgenannten Fällen allerdings das Faß auch unmittelbar als Maß ansehen, was für die Eichpflicht auf dasselbe hinausläuft. Im übrigen haben über die Eichpflicht im Einzelfalle die ordentlichen Gerichte zu entscheiden.

2. Faßtara. Eine Verpflichtung zur Angabe des Gewichtes des Faßkörpers kennt das Gesetz nicht. Die Taraangabe geschieht nur auf behördliche Anordnung, nach Handelsgebrauch oder nach freier Vereinbarung der Parteien.

3. Ausnahmebestimmungen.

a) Originalgebinde. Wenn ausländische Weine (französische Weine, Südweine usw.), Obstweine oder Biere (österreichische, englische usw. Biere) in Fässern eingeführt und ohne jede Umfüllung in denselben Fässern weiter verkauft und dem Käufer überliefert werden, also in den Originalgebinden verbleiben, so sind diese von der Eichpflicht befreit.

b) Im Auslande gebräuchliche Gebinde. Wird dagegen ausländischer Wein im Inlande einer Kellerbehandlung unterzogen und umgefüllt, so tritt die Befreiung vom Eichzwange nur dann ein, wenn der Wein in Gebinde wieder eingefüllt wird, die im Ursprungslande für ihn gebräuchlich sind, und wenn die Preisberechnung nicht nach Litern, sondern nach der Bezeichnung des Gebindes (Oxhoft, Pipe, Both usw.) erfolgt. Nicht erforderlich ist es, daß bei der Wiederauffüllung des Weines dasselbe Gebinde — das Originalgebinde — benutzt wird, in dem er eingegangen ist. Das Gebinde muß nur von der gleichen Art sein, wie sie im Ursprungslande des Weines für seinen Verkauf verwendet werden.

Der Wortlaut des § 9 Abs. 3 läßt Zweifel darüber aufkommen, ob für den Verkauf des ausländischen Weines nach der Kellerbehandlung auch in Deutschland hergestellte Gebinde ausländischer Form und Größe haben für zulässig erklärt werden sollen. Nach dem Sinne der Vorschriften kann aber dem Gesetzgeber eine solche Absicht nicht unterstellt werden.

4. Neueichung und Nacheichung. — Bei den Fässern besteht zwischen der Neueichung und der Nacheichung kein Unterschied, weder hinsichtlich des Prüfungsverfahrens noch der Prüfungsgenauigkeit, der Stempelung oder der Gebühren. Ein Unterschied kann schon deshalb nicht gemacht werden, weil die Inhaltsbezeichnungen vor der Einreichung zur Eichung beim Eichamt von dem Antragsteller entfernt werden müssen (§ 50 Nr. 1 der Eichordnung). Die Verkehrsfehlergrenzen kommen also nur bei der Befundprüfung zur Geltung. Die Nacheichung könnte man also eigentlich auch als eine innerhalb der für die Nacheichung vorgeschriebenen Fristen ausgeführte Neueichung bezeichnen.

5. Nacheichungsfrist lagernder Fässer. — Edle Weine dürfen nach längerem Lager nicht mehr umgestochen werden. Die Fässer, in denen sie lagern, können daher nicht nachgeeicht werden, bevor sie in den eichpflichtigen Verkehr übergehen. Nach § 10 des Gesetzes sind sie auch dann nicht zu beanstanden, wenn die Jahreszahl ihrer letzten Eichung um mehr als 3 Jahre zurückliegt. Werden solche Fässer aber entleert, so sind sie hernach hinsichtlich der Eich- und Nacheichungspflicht wie andere Fässer zu behandeln.

6. Die Verwendung unrichtiger Fässer im eichpflichtigen Verkehr (§ 9 der M.- u. GO.) ist strafbar. Die Eichung und Nacheichung entbinden die Beteiligten keineswegs von der Verpflichtung sich von der dauernden Richtigkeit ihrer Fässer zu überzeugen. Nach der ständigen Rechtsprechung des Reichsgerichts tritt aber eine Bestrafung nur ein, wenn der Angeschuldigte bei einiger Sorgfalt die Unrichtigkeit des Fasses hätte kennen müssen, wenn also eine Fahrlässigkeit oder wenn ein Verschulden vorliegt, worüber im einzelnen Falle die ordentlichen Gerichte zu entscheiden haben. Allgemeine Regeln lassen sich nicht aufstellen. Wenn jedoch die Reifen stark angetrieben sind, namentlich wenn dies mit der Setzmaschine geschehen ist, wenn Dauben ausgewechselt und Böden ganz oder teilweise erneuert sind, wenn Bierfässer neu gepicht wurden, besonders wenn dies von Hand geschah usw., wird man meist annehmen können, daß

der Raumgehalt des Fasses sich über die Fehlergrenze hinaus verändert hat, so daß eine Wiederholung der Eichung erforderlich ist.

7. Auf Grund des § 13 der Maß- und Gewichtsordnung vom 30. Mai 1908 (Reichs-Gesetzbl. S. 349) sind die Verkehrsfehlergrenzen der Meßgeräte wie folgt festgesetzt, wobei die im einzelnen angegebenen Sätze sowohl im Mehr als im Minder gelten:

III. Fässer.

Die Fehlergrenzen betragen:

bei Fässern für Bier
bis zu 10 Liter . . . . . . 0,2 Liter
über 10 Liter . . . . . . $^1/_{50}$ des Raumgehalts,
bei den übrigen Fässern
bis zu 30 Liter . . . . . . 0,2 Liter
über 30 Liter . . . . $^1/_{150}$ des Raumgehalts.

(Verordnung des Bundesrates vom 18. Dezember 1911 Reichs-Gesetzbl. S. 1065).

8. Bei eichpflichtigen Fässern darf die Raumgehaltsangabe nur durch den zuständigen Beamten aufgebracht werden (siehe jedoch auch § 50 der Eichordnung). Private Inhaltsermittelungen und Bezeichnungen sind wertlos und können die amtlichen Angaben nicht ersetzen, sie müssen vor der Einreichung zur Eichung entfernt werden. Die Nachahmung des Eichzeichens kann unter Umständen sich als Urkundenfälschung kennzeichnen und als solche bestraft werden.

9. Auf Grund dieser Bestimmung sind die Faßeichämter zugelassen worden, die ausschließlich zur Eichung von Fässern befugt sind. Die Faßeichämter sind vielfach Gemeindeeichämter, während alle übrigen Eichämter und ihre Abfertigungsstellen Staatsbehörden sind.

10. Vom 1. April 1912 ab hat also der Reichsstempel auch in Bayern, der bayerische Stempel auch im außerbayerischen Reichsgebiet Gültigkeit. Der bayerische Stempel unterscheidet sich von dem Reichsstempel dadurch, daß er in dem gewundenen Bande statt der Buchstaben D R, die Buchstaben K B eingeschrieben enthält.

11. Die Strafbestimmung des § 20 schränkt den Kreis der Personen, auf welche die Vorschriften der Maß- und Gewichtsordnung Anwendung finden, wesentlich ein. Ob es sich im Einzelfalle um die Ausübung eines Gewerbes handelt, unterliegt der Prüfung der ordentlichen Gerichte. Im allgemeinen kann angenommen werden, daß ein Gewerbe ausgeübt wird, wenn fortdauernd eine auf Erzielung von Gewinn gerichtete Tätigkeit betrieben wird. Hinsichtlich der Wein- und Obstweinhändler und der Bierverleger kann also gar kein Zweifel bestehen, daß sie unter die Bestimmungen des Gesetzes fallen, ebenso hinsichtlich der Brauereien und der Besitzer größerer Weingüter oder Obstanlagen, die deren Erträgnisse regelmäßig zu Wein verarbeiten und in dieser Form an Jedermann verkaufen. Wenn dagegen ein Weinbergs- oder Obstgartenbesitzer, der in der Regel seine Ernte nur für den eigenen Gebrauch, zum Haustrunk verarbeitet, in guten Jahren einmal etliche Fässer Wein oder Obstwein auch an andere verkauft, so braucht er seine Fässer nicht eichen zu lassen. Ebenso haben

in manchen Städten die Bürger Braugerechtigkeit, die aber im allgemeinen nur zur Bereitung des Bedarfs für den eigenen Haushalt ausgenützt werden darf. Sie üben auch dann kein Gewerbe aus, wenn sie einige Gebinde an Bekannte für Entgelt ablassen usw.

II. Eichordnung.

Allgemeine Vorschriften.

§ 1.

Eichfähig ist ein Meßgerät, wenn es den Vorschriften der Eichordnung und den sie ergänzenden oder erläuternden Bestimmungen der Instruktionen entspricht[12]).

Unter welchen Voraussetzungen andere Meßgeräte probeweise zur Eichung zuzulassen sind, bestimmt die Kaiserliche Normal-Eichungskommission[13]).

§ 2.

Alle Meßgeräte müssen aus solchem Material hergestellt und so bearbeitet sein, daß sie beim ordnungsmäßigen Gebrauch gegen Abnutzung und Gestaltänderung hinreichend gesichert und gegen atmosphärische Einflüsse genügend unempfindlich sind, auch Verletzungen leicht erkennen lassen ......[14]).

§ 4.

Es ist verboten, an eichfähigen Meßgeräten ...... Nebeneinrichtungen vorzusehen, die die ordnungsmäßige Anwendung und Wirksamkeit beeinträchtigen können[15]).

§ 5.

Jedes Meßgerät muß die vorgeschriebene Bezeichnung tragen. Wo nicht anders bestimmt ist, müssen Bezeichnungen nach Maß- oder Gewichtsgrößen den ausgeschriebenen oder abgekürzten Namen der Einheiten und ihre Anzahl enthalten.

— —

Bei Angaben in Bruchteilen einer Einheit dürfen nur Dezimalbrüche verwendet werden ......

§ 6.

Die Bezeichnungen müssen deutlich und dauerhaft auf den Meßgeräten selbst oder auf Schildern angebracht sein, deren Zugehörigkeit zu den Meßgeräten gesichert ist oder durch Stempelung gesichert werden kann[16]).

§ 9.

Alle Meßgeräte sind für die Neueichung und für die Nacheichung gehörig hergerichtet[17]) und gereinigt[18]) vorzulegen. Bei Eichungen und Prüfungen ohne Stempelung außerhalb der Amtsstelle muß der Antragsteller dafür sorgen, daß Eichmittel und Arbeitshilfe rechtzeitig zur Verfügung des Eichbeamten stehen[19]).

Bei Meßgeräten aus hartem Metall sowie solchen mit splitternden Metallüberzügen müssen, abgesehen von Gewichten mit Justierhöhlung (§ 77 Nr. 5) besondere Stempelstellen hergerichtet sein, und zwar aus Bleilegierung (Pfropfe oder Plättchen) oder Kupfer und ähnlichen Metallen (Plättchen oder Niete), wenn sie in das Meßgerät eingelassen, aus Zinn oder Zinnlegierung (Tropfen), wenn sie auf das Meßgerät aufgesetzt sind.

Die Plättchen oder Tropfen, die zur Aufnahme des Jahreszeichens (§ 10) bestimmt sind, müssen mindestens 20 Millimeter lang sein, wenn sie auch die Jahreszeichen für die Nacheichung aufnehmen sollen. Bietet eine Stempelstelle für die Stempelung keinen Raum mehr, so ist sie wieder herzurichten oder zu erneuern.

Die Stempelstellen müssen mit dem Meßgerät derart verbunden sein, daß sie nicht ohne Verletzung des Stempels entfernt werden können.

§ 10.

Die Stempelung erfolgt auf Glas durch Aufätzen; auf Holz, Elfenbein und ähnlichem Material durch Einbrennen, Eindrücken oder Aufschlagen; auf Metall durch Eindrücken oder Aufschlagen, ...

Sie geschieht bei der Neueichung mit dem Stempelzeichen und dem Jahreszeichen[20]). Ist eine Stempelung an mehreren Stellen vorgesehen, so wird das Jahreszeichen gleichwohl dem Stempelzeichen nur an einer besonders vorgeschriebenen Stelle beigesetzt.

Bei der Nacheichung wird, außer bei den Fässern (§ 52)[21]), nur das Jahreszeichen angewandt; nur bei den kleinen Gewichten (§ 80) und den kleinen Präzisionswagen (§ 100) ist von jeder Stempelung abzusehen. Das Jahreszeichen wird, wenn die besonderen Vorschriften nicht anders bestimmen, möglichst nahe bei dem die letzte Eichung kennzeichnenden Jahreszeichen aufgebracht.

§ 11.

Einem eichfähigen Meßgerät darf die Eichung nicht versagt werden[22]). Über die Eichfähigkeit entscheidet in Zweifelsfällen die Aufsichtsbehörde und an letzter Stelle die Kaiserliche Normal-Eichungskommission.

§ 12.

Wenn ein bereits geeichtes Meßgerät bei einer eichamtlichen Prüfung vorschriftswidrig befunden wird, und wenn eine Berichtigung instruktionsmäßig oder wegen Widerspruchs der Beteiligten nicht bewirkt werden kann, so ist ihm durch Beseitigung oder Entwertung des letzten Jahreszeichens und des zugehörigen Stempelzeichens die Verkehrsfähigkeit zu entziehen. Das gleiche gilt, wenn ein Meßgerät keinen Raum mehr für die Stempelung bietet.

Bei der Entwertung ist das nachfolgende Entwertungszeichen zu benutzen:

Erläuterungen.

12. Da bei Fässern ein bestimmter Raumgehalt nicht verlangt wird, auch von Eichfehlergrenzen nicht wohl gesprochen werden kann (Erläuterung Nr. 50), kommen für die Beurteilung der Eichfähigkeit nur die Vorschriften über Material, Gestalt, Einrichtung und Bezeichnung in Betracht (§§ 48 bis 50).

13. Probeweise werden zur Eichung solche Meßgeräte zugelassen, bei denen Material, Gestalt und Einrichtung nicht ohne weiteres die Gewähr dauernder Richtigkeit bei normalem Gebrauche bieten, die daher erst im praktischen Betriebe erprobt werden müssen. Bei Wein- und Obstweinfässern sind solche Fälle bisher nicht vorgekommen, wohl aber sind metallene Bierfässer mehrfach probeweise zugelassen, in denen das Bier pasteurisiert und sodann nach überseeischen Ländern verschickt wird.

14. § 2 der Eichordnung soll dem Beamten eine Handhabe bieten, Meßgeräte aus schlechtem Material oder von schlechter Ausführung zurückzuweisen. Fässer aus zu schwachem Holz oder Metall, stark verbeulte Metallfässer bieten z. B. keine Sicherheit gegen Gestaltänderungen.

15. Hierzu gehören z. B. bei Fässern Spundfassungen, die in den Maßraum hineinragen und dadurch verhindern genau festzustellen, wann die Flüssigkeit den unteren Rand des Spundloches oder der Füllöffnung berührt (§ 49 der Eichordnung).

16. Bei Metallfässern müssen daher die Schilder aufgelötet, angeschweißt oder aufgenietet sein. Bei den Holzfässern ist in der Regel das für die Stempelung und Bezeichnung bestimmte Schild überhaupt nicht unmittelbar mit dem Faßboden oder Faßkörper verbunden, sondern liegt in einem Rahmen, der seinerseits mit dem Holz verschraubt ist. Dann müssen die Schrauben entweder ganz unzugänglich sein, wie z. B. bei dem Eglauschen Stempelverfahren, bei dem die Schrauben unter der Stempelplatte liegen, oder es muß eine Schraube so tief in den Rahmen versenkt sein, daß darüber eine Bleiplatte eingelegt werden kann, die dann gestempelt wird. Um ein Herausnehmen der Bleiplatte zu verhindern, muß der zu ihrer Aufnahme bestimmte Rahmenteil unterfräst sein, so daß die Bleiplatte beim Schlagen sich fest in die Nut einlegen muß und ohne Verletzung des Stempels nicht entfernt werden kann (§ 9 letzter Absatz der EO.). Der Rahmen darf nicht drehbar sein, er muß demnach mit mehreren Stiften von mindestens 6 Millimeter Länge im Holze festsitzen oder mit ihm noch durch mindestens eine zweite Schraube verbunden sein, deren Kopf, falls sie frei liegt, bis zum Verschwinden des Schlitzes abgefeilt sein muß.

Die Platte für die Bezeichnung muß mit dem Rahmen fest verbunden sein, so daß sie nicht herausgenommen werden kann, ohne zerstört zu werden. Besteht sie aus einzelnen auswechselbaren Zahlen, so müssen diese durch einen zweiten darüber liegenden Rahmen festgehalten werden, der gegen Abnahme und Drehung in gleicher Weise gesichert sein muß wie der untere Rahmen. Bewegt sich der obere Rahmen in einem am unteren Rahmen angebrachten Scharnier, so genügt zur Sicherung eine versenkte und wie oben angegeben für die Stempelung hergerichtete Schraube, die durch beide Rahmenteile hindurch geht und in das Holz fest eingedreht ist. Um bei weichem Holz ein Lockern der Schraube und ein Heben des oberen Rahmenstückes zu verhindern, muß dieses noch außerdem mit einem mindestens 6 Millimeter langen Stift in das Holz eingreifen.

Im übrigen ist jede nicht in den Mitteilungen der Normal-Eichungskommission veröffentlichte oder den Aufsichtsbehörden durch Rundschreiben bekannt gegebene Ausführungsform zunächst der Normal-Eichungskommission vorzulegen.

17. Fässer müssen daher bei der Vorlegung zur Eichung bereits mit den erforderlichen Überzügen im Innern (Pech, Leim, Lack, Email usw.) versehen, auch müssen die Reifen angetrieben sein. Ein äußerer Anstrich kann auch nach der Eichung noch angebracht werden.

18. Bei den eichpflichtigen Fässern gebietet sich ein Reinhalten von selbst, bei anderen Fässern, z. B. den in manchen Gegenden Deutschlands geeichten Jauchefässern, wird der Beamte auf Grund des § 9 eine durchgreifende innere und äußere Reinigung vor der Vorlegung zur Eichung verlangen können (vgl. Allgemeine Instruktion Nr. 2c).

19. Zur Prüfung der Fässer gehören Meßgefäße (Nr. 4 der Instruktion) oder Kubizierapparate (Nr. 5 der Instruktion) oder eine Wage mit den erforderlichen Normalgewichten (Nr. 7 der Instruktion), ferner Wasser, Zahlenstempel nebst Literzeichen und, falls die Bezeichnung eingebrannt werden soll, ein Erwärmungsapparat (wegen der Einzelheiten der Ausrüstung siehe Erläuterung Nr. 27). Bei Eichungen außerhalb der Amtsstelle hat der Antragsteller dafür zu sorgen, daß alle Eichmittel, soweit sie erfordert werden, gebrauchsfertig bereit stehen, wenn der Eichbeamte eintrifft (vgl. auch Eichgebührenordnung erster Abschnitt, allgemeine Bestimmungen Nr. 6). Es steht aber nichts im Wege, daß die Landesregierungen, namentlich bei der Nacheichung und wenn es sich um kleinere Betriebe handelt, Erleichterungen gewähren, soweit sie es für angängig erachten.

20. Als Jahreszeichen sind die beiden letzten Ziffern des Jahres in Schildumrahmung anzuwenden.

Bei Fässern fällt die Schildumrahmung fort.

(§ 2 der Verordnung des Bundesrates vom 15. November 1911 Reichs-Gesetzbl. S. 951).

21. Fässer werden bei der Nacheichung auch hinsichtlich der Bezeichnung und Stempelung genau so behandelt wie bei der Neueichung (vgl. auch Erläuterung Nr. 4).

22. Siehe Allgemeine Instruktion Nr. 2.

III. Instruktion zur Eichordnung.

Allgemeine Instruktion.

I. Amtsstellen der Eichbehörden.

1. Amtsstelle. Als Amtsstelle gilt jede Räumlichkeit, in der jedermann Meßgeräte zur Prüfung oder Eichung einliefern darf. Neben den ständigen[23]) Amtsstellen können für die periodische Nacheichung besondere Amtsstellen eingerichtet sein.

Die ständigen Amtsstellen der Eichämter sind äußerlich durch ein Schild kenntlich zu machen.

II. Geschäfte der Eichbehörden.

a) Die Eichbehörden sind verpflichtet, die ihnen vorgelegten Meßgeräte, zu deren Eichung sie befugt sind, auf ihre Eichfähigkeit (§ 1 der EO.) nach den geltenden Vorschriften zu untersuchen und weiter zu behandeln (§ 11 der EO.), soweit nicht für die Nacheichung von den Landesregierungen eine örtliche Begrenzung der Befugnis vorgesehen ist. Für die Aufsichtsbehörden beschränkt sich diese Verpflichtung auf die Fälle, in denen sie zur Übernahme der Tätigkeit der Eichämter ermächtigt sind (§ 17 der M.- u. GO.) und für die Kaiserliche Normal-Eichungskommission auf Meßgeräte, deren Eichung sie sich ausschließlich vorbehalten hat (§ 19 der M.- u. GO.). **2. Annahme der Meßgeräte.**

b) Die Vorlegung eines Meßgerätes kann erfolgen zum Zwecke
der Neueichung,
der Nacheichung,
der Prüfung auf weitere Verkehrsfähigkeit (Befundprüfung).

Die Neueichung findet außer bei ungeeichten auch bei solchen geeichten Meßgeräten (Wiederholung der Eichung) statt, bei denen bei der Vorlegung

1. das letzte Jahreszeichen und das zugehörige Stempelzeichen entwertet oder entfernt sind (§ 12 der EO.),
2. das zum Jahreszeichen gehörige Stempelzeichen nicht mehr erkennbar ist,
3. eine auf wesentliche Teile sich erstreckende Ausbesserung[24]) vorgenommen ist, auch wenn die Voraussetzungen unter 1 und 2 nicht vorliegen,
4. eine Neueichung vom Besitzer gewünscht wird, auch wenn die Bedingungen unter 1 bis 3 nicht vorliegen.

Die Nacheichung wird nur an Meßgeräten vorgenommen, die der periodischen Nacheichung unterliegen.

Der Befundprüfung kann jedes geeichte Meßgerät unterworfen werden.

c) Die Untersuchung kann versagt werden, wenn die vorgelegten Meßgeräte für die verlangte Prüfung nicht gehörig hergerichtet und gereinigt[17])[18]) sind (§ 9 der E.O.), oder nicht die erforderlichen oder unvorschriftsmäßige Stempelstellen haben (§ 9 der EO.), oder wenn ihr Aufstellungsort nicht leicht und gefahrlos zugängig, oder räumlich so beschränkt oder in anderer Beziehung so unzulänglich[25]) ist, daß er für die ordnungsmäßige Ausführung der Untersuchung nicht ausreichend erscheint.

a) Der eigentlichen Prüfung geht eine äußerliche Besichtigung voraus. Ist ein zur Eichung vorgelegtes Meßgerät aus einem unvorschriftsmäßigen oder besonders schlechten Material hergestellt, oder zeigt es offensichtliche Mängel in Gestalt, Einrichtung und Beschaffenheit (§ 2 der EO.), oder hat es unzulässige Maßgrößen, Teilungen oder Nebeneinrichtungen (§ 4 der EO.), so erfolgt die Rückgabe ohne weitere Prüfung[26]). **3. Allgemeine Prüfung.**

— —

c) Die Prüfung auf Einhaltung der Fehlergrenzen darf nur mit den hierfür bestimmten Normalen der Eichbehörden (Gebrauchsnormalen, Gebrauchsnormal-Apparaten, Prüfungshilfsmitteln usw.) ausgeführt werden[27]).

Den Normalen der Eichbehörden gleichzuachten sind solche im Besitze von anderen Behörden und von Privaten befindliche Normale, die von den Eichbehörden unter fortlaufender Kontrolle gehalten werden oder von ihnen unmittelbar vor der Anwendung nachgeprüft sind[28]). Soweit die besonderen Instruktionen nicht ausdrücklich Ausnahmen zulassen, dürfen Normale dieser Art nur innerhalb des Aufsichtsbezirkes oder Bundesstaates benutzt werden, in dem sie beglaubigt sind.

4. Verfahren bei der Neueichung.

a) Erweist sich ein Meßgerät bei der instruktionsmäßigen Prüfung als unzulässig infolge von Mängeln, welche die Eichbehörde nicht beseitigen darf, so erfolgt Rückgabe ohne Stempelung[29]). . . . .

b) Erweist es sich als zulässig, so ist es nach den für die Neueichung geltenden Bestimmungen der Eichordnung zu stempeln. . . . .

— —

d) Neueichungen sollen in der Regel in den ständigen Amtsstellen (Nr. 1) vorgenommen werden.

Neueichungen außerhalb der Amtsstelle sind mit Genehmigung der Aufsichtsbehörde für Meßgeräte zulässig, die schwer fortzuschaffen[30]) oder beim Transport leicht verletzbar sind, wie große Wagen, Stationsgasmesser und dergleichen, ferner für Meßgeräte der unter c bezeichneten Art und für solche, die in größerer Anzahl gleichzeitig zur Eichung vorgelegt werden.

Dauernd dürfen Neueichungen außerhalb der Amtsstelle, z. B. in Brauereien, Gasmesserfabriken usw., nur zugelassen werden, wenn die Antragsteller alle vorschriftsmäßigen Einrichtungen und Hilfsmittel[31]) zur Ausführung der Eichungen selbst beschaffen und für ihre Erhaltung im vorschriftsmäßigen Zustande Sorge tragen (Nr. 3c).

5. Verfahren bei der Nacheichung.

a) Ein Meßgerät ist auch dann zur Nacheichung entgegenzunehmen, wenn seit der letzten Jahresstempelung die Nacheichungsfrist noch nicht abgelaufen oder bereits überschritten ist, oder wenn Jahreszeichen fehlen oder entwertet sind.

— —

f) Die Nacheichung soll in der Regel in der Amtsstelle[32]) (Nr. 1) vorgenommen werden. Nacheichungen außerhalb der Amtsstelle sind für alle Meßgeräte zulässig, die außerhalb der Amtsstelle neu geeicht werden dürfen (Nr. 4d) oder wegen der Art ihrer Verbindung mit anderen Gegenständen schwer entfernt werden können (Maßstäbe in Ladentischen und Meßmaschinen, Meßwerkzeuge an Behältern u. dgl.).

6. Verfahren bei der Befundprüfung.

a) Die Befundprüfung ist eine Prüfung ohne Stempelung[33]). Sie findet nach den für die Neueichung geltenden Vorschriften statt, soweit nicht Erleichterungen zugelassen sind, oder die besonderen Instruktionen andere Bestimmungen treffen. Meßgeräte, für die vom Bundesrate Verkehrsfehlergrenzen festgesetzt sind, brauchen bei der Befundprüfung nur diese einzuhalten.

b) Erweist sich ein zur Befundprüfung vorgelegtes Meßgerät als nicht oder nicht mehr zulässig, so ist ihm durch Entwertung oder Entfernung des letzten Jahreszeichens und des zugehörigen Stempelzeichens die weitere Verkehrsfähigkeit zu entziehen.

c) Erweist sich ein Meßgerät bei der instruktionsmäßigen Prüfung noch zulässig für den öffentlichen Verkehr, so erfolgt die Rückgabe ohne Stempelung, jedoch unter Erneuerung des letzten Jahreszeichens, falls es nicht mehr hinreichend erkennbar ist.

d) Die Befundprüfung soll in der Regel in den ständigen Amtsstellen vorgenommen werden. Befundprüfungen außerhalb der Amtsstelle sind für Meßgeräte zulässig, bei denen auch die Nacheichung außerhalb der Amtsstelle vorgenommen werden kann (Nr. 5f).

.... Im übrigen soll eine Bescheinigung über Eichung[34]), Prüfung ohne **7. Bescheinigung.**
Stempelung oder Zurückweisung nur auf besonderes Verlangen erteilt werden. In der Bescheinigung sind die Gegenstände nach Stückzahl und Bezeichnung sowie nach etwaigen besonderen Kennzeichen (Fabriknummer, Name des Antragstellers usw.) anzuführen.

[35]) —

a) Bei der Stempelung ist darauf zu achten, daß die Stempel scharf und **9. Stempelung und Stempel.**
deutlich ausgeprägt werden, und daß die ordnungsmäßige Benutzbarkeit eines Meßgerätes nicht beeinträchtigt wird. Für die Art der Stempelung sind die bildlichen Darstellungen maßgebend.

b) Die Bleilegierung der Eichpfropfen und Plättchen[36]) (§ 9 der E.O.) soll aus 90 Teilen Blei mit 10 Teilen Zinn, die Zinnlegierung der Tropfen aus 90 Teilen Zinn und 10 Teilen Blei bestehen. Zu den Plomben darf reines Blei verwendet werden ....

Wie die Stempelstellen zu befestigen sind, schreibt § 9 der Eichordnung nicht vor. Plättchen sind zweckmäßig in schwalbenschwanzförmige Nute einzuhämmern, oder sie sind aufzunieten oder aufzuschrauben. Tropfen müssen in flüssigem Zustande aufgebracht werden.

c) Die Prüfung des Materials der Stempelstellen ist im allgemeinen nicht Sache der Eichbeamten. Besteht jedoch der Verdacht, daß bei ihrer Herstellung eine unvorschriftsmäßige Legierung benutzt worden ist, so ist an die Aufsichtsbehörde zu berichten, die das Weitere zu veranlassen hat.

d) Ort und Anzahl der Stempel sind durch die Eichordnung vorgeschrieben, soweit nicht hinsichtlich der Stempelzeichen dem Ermessen der Eichbeamten ein gewisser Spielraum gelassen ist. Die Anzahl der vorgeschriebenen Stempel darf weder verringert noch vermehrt werden.

e) Die Entwertung eines Stempel- oder Jahreszeichens erfolgt mit dem Entwertungszeichen in der nebenstehend angedeuteten Weise. Die Entfernung geschieht z. B. bei Metall durch Verhämmern, Verschwemmen, Abfeilen u. dgl. ....

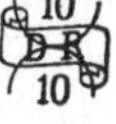

[37]) —

III. Ausrüstung und Arbeitsräume der Eichbehörden.

a) Die Aufsichtsbehörden und die Eichämter müssen mit allen auf das Maß- **11. Ausrüstung der Eichbehörden.**
und Gewichtswesen bezüglichen amtlichen Vorschriften und Bestimmungen versehen sein, namentlich mit folgenden: Maß- und Gewichtsordnung vom 30. Mai 1908, Verordnungen des Bundesrats, Ausführungsbestimmungen der Kaiser-

lichen Normal-Eichungskommission, Eichordnung, Instruktionen mit Anlagen, Mitteilungen der Kaiserlichen Normal-Eichungskommission, bildliche Darstellungen nebst der zugehörigen Beschreibung und Erläuterung. Sie sind mit den zur Eichung der Meßgeräte innerhalb ihrer Befugnisse erforderlichen Prüfungsmitteln vollständig auszurüsten, nämlich mit Normalmaßen, Normalgewichten, Wagen, Normalinstrumenten und Normalapparaten, ferner mit den zur Fehlerbestimmung erforderlichen Hilfsmitteln, mit den zugehörigen Hilfsapparaten und sonstigen technischen Gerätschaften, Hilfstafeln usw., außerdem mit den erforderlichen Eich- und Bezeichnungsstempeln und den Entwertungszeichen. Ausnahmen von dieser Bestimmung sind nur mit Genehmigung der Kaiserlichen Normal-Eichungskommission zulässig.

b) Anlage A gibt ein vollständiges Verzeichnis[38]) der erforderlichen technischen Ausrüstung. Sie bringt ferner auf besonderen Tafeln Stempelbilder der von den Eichbehörden zu benutzenden Eich- und Bezeichnungsstempel. Sämtliche Stempel sind in genauer Übereinstimmung mit den in den Stempeltafeln angegebenen mustergültigen Formen, die Eichstempel auch in Übereinstimmung mit den Größenverhältnissen der in den Stempeltafeln aufgeführten einzelnen Gattungen und Größenstufen herzustellen. Für das Größenverhältnis der Zahlen und Buchstaben untereinander sind die Abbildungen gleichfalls maßgebend, doch ist es nicht unzulässig, für die Zahlen hinter dem Komma kleinere Typen zu verwenden.

c) Anlage B enthält die Hilfstafeln, die bei eichamtlichen Arbeiten hauptsächlich erforderlich werden können.

[39]) —

12. Einrichtung und Genauigkeit der Prüfungsmittel.

d) Für Normale, Normalapparate und Prüfungshilfsmittel der Eichbehörden wird nach erfolgter Prüfung ein Beglaubigungsschein ausgestellt, der sie nach ihrer Beschaffenheit, Bezeichnung und Einrichtung kennzeichnet, und den Grad ihrer Genauigkeit angibt. Außerdem werden sie mit dem als Präzisionszeichen dienenden sechsstrahligen Stern gestempelt. Es erhalten:

die Prüfungshilfsmittel einen Stern,

die Gebrauchsnormale des gewöhnlichen Verkehrs . . . zwei Sterne.

. . . . Die Normale, Normalapparate und Prüfungshilfsmittel erhalten stets nur einen Stempel. Außerdem dürfen sie mit einer Nummer versehen werden, die in dem jedem Normal usw. beizugebenden Beglaubigungsscheine anzuführen ist.

e) Die eichamtlichen Normale usw. dürfen nur zu den instruktionsmäßigen Prüfungen[40]) benutzt werden, soweit nicht besondere Anordnungen der Landesregierungen vorliegen.

— —

13. Beschaffenheit der Arbeitsräume.

a) Die Arbeitsräume der Eichbehörden[41]) sollen nach Lage und Größe so beschaffen sein, daß die Erhaltung der Normale und sonstigen technischen Einrichtungen sowie der zur Eichung gebrachten Meßgeräte verbürgt werden kann, und die Einhaltung der vorgeschriebenen Genauigkeit der Prüfung bei der Anwendung der vorschriftsmäßigen Prüfungsmittel hinreichend gesichert ist. Mindestens der letzten Anforderung müssen auch die zur Vornahme der Nacheichung dienenden Räume genügen. Die näheren Bestimmungen hierüber erlassen die Landesregierungen.

b) Während der Arbeitszeit soll die Temperatur zum mindesten in den Arbeitsräumen, in denen Neueichungen vorgenommen werden, möglichst gleichmäßig in einem mittleren Zustande erhalten werden. Auch soll die Temperatur der Arbeitsräume und der zu eichenden Meßgeräte sowie der bei der Prüfung zu benutzenden Normale und sonstigen Prüfungsmittel, z. B. der Luft und des Wassers bei der Prüfung von Flüssigkeitsmaßen und Gasmessern, nahezu übereinstimmen.

Bei der Nacheichung spielen die äußeren Bedingungen mit Rücksicht auf die geringeren Anforderungen an die Prüfungsgenauigkeit keine so bedeutende Rolle, indessen sind wenigstens die störenden einseitigen und veränderlichen Erwärmungen (z. B. durch die Sonne, eine Lampe, Gasflamme, Ofen usw.) und Abkühlungen (z. B. durch Zugluft usw. auszuschließen.

Erläuterungen.

23. Als ständig wird eine Amtsstelle dann anzusehen sein, wenn sie dauernd mit den erforderlichen Eichmitteln (Normalen usw.) ausgerüstet und überwiegend für die Zwecke der Eichtätigkeit bestimmt und nicht nur vorübergehend oder gelegentlich solchen Zwecken nutzbar gemacht wird. Die Abfertigungsstellen der Eichämter sind daher im allgemeinen ständige Amtsstellen, auch wenn sie nur an bestimmten Tagen von einem Eichbeamten besucht und dem Publikum geöffnet werden. Diese Amtsstellen müssen äußerlich durch ein Schild kenntlich gemacht sein.

Die Räume, die von Brauereien lediglich zur Prüfung ihrer eigenen Fässer den Eichbeamten zur Verfügung gestellt werden, sind keine Amtsstellen. Bei den hier vorgenommenen Eichungen sind daher 20% Zuschläge zu den Eichgebühren (Eichgebührenordnung, erster Abschnitt Nr. 5) und gegebenenfalls Reisekosten (Eichgebührenordnung, erster Abschnitt Nr. 7) zu berechnen.

24. Die Neueichung wird z. B. bedingt durch das Einsetzen einzelner Dauben oder durch das Erneuern eines Bodens. Bei den Fässern vollzieht sich jede Eichung in den Formen der Neueichung.

25. Diese Vorschrift soll dem Eichbeamten eine Handhabe bieten, die Vornahme der Prüfung zu verweigern, wenn die bei Eichungen außerhalb der Amtsstelle zur Verfügung gestellten Räume ganz unzulänglich sind. Im Sommer wird der Eichmeister, wenn die Aufsichtsbehörde hiermit einverstanden ist, die Eichung auch im Freien unter einem Vordach vornehmen können, das gegen Regen und Sonne Schutz gewährt. Im Winter kann aber ein geschlossener Raum beansprucht werden, der heizbar, mindestens aber frostfrei und mäßig warm ist. Auch wird genügende Beleuchtung zum Ablesen der Skalen der Kubizierapparate verlangt werden müssen. Allgemeine Regeln über die Beschaffenheit der Räume lassen sich aber nicht geben, die Entscheidung wird von Fall zu Fall von dem Beamten selbst oder der Aufsichtsbehörde zu treffen sein.

26. In solchen Fällen, bei denen in der Regel die Zurückweisung auf Grund der §§ 2 (Erläuterung Nr. 14), 48 (Erläuterung Nr. 44) oder 49 (Erläuterung Nr. 47) oder wegen offensichtlicher Undichtheit erfolgt, sind an der Amtsstelle keine Gebühren zu erheben (Eichgebührenordnung, erster Abschnitt Nr. 2). Bei Eichungen außerhalb der Amtsstelle werden in diesem Falle die Gebühren für Prüfung ohne Stempelung nebst Zuschlägen angerechnet (Eichgebührenordnung erster Abschnitt Nr. 6).

27. Als Normale usw. für die Prüfung von Fässern sind vorgeschrieben:

Für die Eichung von Fässern.

A. Gebrauchsnormal-Einrichtungen.

1. Mehrere Kubizierapparate, deren Raumgehalte so abgestuft sind, daß der Raumgehalt des kleinsten Apparates nahezu dem vierten Teil des Raumgehaltes des nächstgrößeren Apparates entspricht usw. (Instruktion III, Nr. 5).

2. Eine oder mehrere Dezimal-Brückenwagen, deren Einrichtung und Tragfähigkeit für die größten und für die kleinsten zur Eichung kommenden Fässer ausreicht. Für sehr große Fässer nötigenfalls eine Zentesimal-Brückenwage.

3. Ein Satz Gewichtsstücke von 50, 20, 20, 10, 5, 2, 2, 1 Kilogramm aus Eisen und von 500, 200, 200, 100, 50, 20, 20, 10, 5, 2, 2, 1 Gramm aus Messing von der Genauigkeit der Gebrauchsnormale für Handelsgewichte.

Erforderlich ist im allgemeinen nur die Ausrüstung entweder mit Kubizierapparaten oder mit Wagen und Gewichten. Eichämter, bei denen auch Tarabestimmungen vorkommen, müssen Wagen und Gewichte besitzen.

B. Kontrollnormal-Einrichtungen.

Für die Kubizierapparate.

1. Metallene Eichkolben von + 100, 50, 20, 10 und 5 Liter Raumgehalt (Instruktion III Nr. 14). Wo es ausreichend erscheint, können an Stelle der Eichkolben Flüssigkeitsmaße von der Genauigkeit von Kontrollnormalen in Zylinder- oder Flaschenform von 10 Liter abwärts benutzt werden.

2. Ein in Zehntelliter geteiltes Fehlerglas für 1 Liter Raumgehalt.

Für die Wagen und Gewichte.

1. Ein Satz von mindestens fünf Gewichtsstücken zu je 50 Kilogramm aus Eisen von der Genauigkeit der Gebrauchsnormale für Handelsgewichte zur Prüfung der Wagen.

2. Ein zweiter Satz Gewichtsstücke wie vorstehend unter A, Nr. 3, jedoch in der Stückelung der Kontrollnormale für Gewichte (V, 1, B, Nr. 1). Ist das Eichamt auch für die Eichung von Gewichten eingerichtet, so dürfen die Gebrauchsnormale der Gewichte zur Kontrolle der unter A Nr. 3 aufgeführten Gewichtsstücke dienen.

C. Hilfsmittel.

Ein in Fünftel- oder Zehntelgrade geteiltes Thermometer.

D. Stempel.

2 Schlagstempel: 2 B, 2 C.

3 Brennstempel: 5 A, 5 B, 5 C.

Je 2 Sätze Zahlen zum Einbrennen und zum Aufschlagen.

Die Buchstaben B, N, T, l, kg zum Einbrennen.

Die Buchstaben B, T, l, kg zum Aufschlagen.

Die Stempel, Zahlen und Buchstaben zum Aufschlagen sind nur dann erforderlich, wenn Stempelungen auf Metall vorkommen.

(Anlage A zur allgemeinen Instruktion).

28. Die von den Brauereien für die Eichung zur Verfügung gestellten Kubizierapparate, Wagen und Gewichte gehören zu diesen Normalen und unterstehen daher der dauernden Beaufsichtigung und Kontrolle durch die Eichbehörden.

29. Dann sind die Gebühren für Prüfung ohne Stempelung, also die halben Eichgebühren zu erheben (Eichgebührenordnung, erster Abschnitt Nr. 1).

30. Zu den schwer fortzuschaffenden Meßgeräten gehören die großen Lagerfässer, zu den in größerer Anzahl vorgelegten die Transportfässer.

31. Erforderlich sind also zunächst die in der Anlage A (Erläuterung Nr. 27) zur allgemeinen Instruktion unter A aufgeführten Gebrauchsnormal-Einrichtungen und die unter D angegebenen Stempel mit Ausnahme der Schlag- und Brennstempel mit dem Eichzeichen (2 B, 2 C, 5 A, 5 B, 5 C), ferner das erforderliche Wasser, eine Vorrichtung zum Erwärmen der Brennstempel, wo mit solchen gearbeitet wird, sowie alle für die Schlagstempelung benötigten Hilfsmittel, wie Platten, auswechselbare Ziffern und Zeichen, Vorrichtungen, um die alten Platten, Ziffern und Zeichen zu entfernen usw. (Instruktion III, Nr. 10 a).

32. Bei der Nacheichung gilt auch als Amtsstelle (nichtständige Amtsstelle) der von den Gemeinden zur Verfügung gestellte Raum, in dem der beauftragte Eichmeister von jedermann Meßgeräte zur Nacheichung entgegennimmt (Erläuterung 23).

33. Bei der Befundprüfung sind daher auch nur die Gebühren für Prüfung ohne Stempelung (Eichgebührenordnung, erster Abschnitt Nr. 1) zu erheben. Die Befundprüfung unterscheidet sich bei Fässern von der Neueichung und der Nacheichung dadurch, daß die Angaben über Inhalt oder Gewicht (die Bezeichnungen) und der Stempel vor der Einreichung nicht zu entfernen sind, und daß bei der Prüfung nur die Verkehrsfehlergrenzen (Erläuterung Nr. 7) eingehalten zu werden brauchen.

34. Die sogenannten Eich-, Befund- und Rückgabescheine fallen fort. Bescheinigungen über die stattgehabte Prüfung sollen nur auf besonderes Verlangen ausgestellt werden. Die Form der Scheine setzen die Landesregierungen fest.

35. Nr. 8 enthält die Vorschriften über die Berichtigung, ist also für Fässer ohne Bedeutung.

36. Mit den Plättchen sind die Schilder nicht zu verwechseln, auf denen bei den Fässern, wie auch bei Gasmessern und den Wagen für Post- und Eisenbahnzwecke die Bezeichnung aufgebracht wird. Für diese sind keine bestimmten Metalle vorgeschrieben. Es ergibt sich aber schon aus ihrer Zweckbestimmung, daß die Metalle nicht zu hart und nicht zu weich sein dürfen (Instruktion III, Nr. 10 a, Erläuterung 63). Schilder aus Blei sind ebenso unzulässig wie Schilder aus Stahl.

Der Pfropf, der zur Sicherung einer Befestigungsschraube und zur Aufnahme des Stempelzeichens bestimmt ist, kann wie eine Plombe angesehen werden. Er darf daher aus reinem Blei hergestellt sein.

Der Tropfen, der zur Sicherung eines aufgelöteten Schildes oder Rahmens dienen soll, muß aber aus der vorschriftsmäßigen Legierung bestehen.

37. Nr. 10 enthält die Vorschriften über die Prüfung nahezu unrichtiger Meßgeräte, Nr. 11 die Vorschriften über die Zulassung von Eichungen nur örtlichen Charakters. Beide Nummern sind für Fässer ohne Bedeutung.

38. Das Verzeichnis ist in der Erläuterung 27 gebracht.

39. Nr. 13 a, b, c bringen Vorschriften über die Gestaltung der Normale, Nr. 13 f und g handeln von den Kontrollnormalen und den Fehlergrenzen der Normale. Nr. 13 h bringt Bestimmungen über deren Prüfung. Das für Fässer Wesentliche ist in der besonderen Instruktion in Nr 14 wiederholt.

40. Wenn die Kubizierapparate und Wagen, die bei der Eichung der Fässer verwendet werden, auch von den Brauereien zu Nachprüfungen benutzt werden sollen, so bedarf es hierzu einer besonderen Anordnung der Landesregierungen.

41. Bei den kleinen Faßeichämtern wird man an die Arbeitsräume keine besonderen Ansprüche stellen können; bei den Eichämtern mit großem Betrieb soll nach Möglichkeit eine gedeckte Halle zur Aufbewahrung der eingereichten Fässer vorhanden sein, die Schutz gegen die Sonne und gegen Witterungseinflüsse gewährt, damit die Fässer nicht in der Amtsstelle undicht werden. Wegen der Eichräume in Brauereien vgl. Erläuterung 25.

IV. Eichordnung.

Besondere Bestimmungen für Fässer.

§ 47.

Zulässige Maßgrößen und Gewichte.

Zulässig sind Fässer von beliebigem Raumgehalt[42]) und Gewicht.

§ 48.

Material.

Zulässig sind:

Holz, Metall und anderes Material von ähnlicher Festigkeit und Beständigkeit. Bei Fässern für genießbare[43]) Flüssigkeiten müssen alle metallenen Teile, die mit der Flüssigkeit in Berührung kommen, den Anforderungen des § 32 entsprechen[44]).

§ 49.
Gestalt und Einrichtung.

1. Zulässig sind Fässer[45]) in Tonnen-, Zylinder- und ähnlicher Form.

2. Die Begrenzung des Maßraumes geschieht durch den unteren Rand des Spundloches[46]) oder der Füllöffnung. Beide müssen derartig angebracht und eingerichtet sein, daß die Befüllung des Fasses vollständig ist, sobald die Flüssigkeit ihren unteren Rand berührt[47]).

§ 50.
Bezeichnung.

1. Der Raumgehalt der Fässer ist nach Liter zu bezeichnen, und zwar mit dem ausgeschriebenen Wort oder der Abkürzung l, ihr Gewicht nach Kilogramm mit der Abkürzung kg, unter Voransetzung der Bezeichnung NT (Nasse Tara), wenn es nach vorangegangener innerer Nässung des Fasses bestimmt wurde, oder TT (Trockene Tara), wenn der Gewichtsbestimmung keine Nässung voranging. Die Bezeichnung geschieht durch die Eichbehörde. Die Anbringung weiterer Inhalts- oder Gewichtsangaben, die mit den amtlichen übereinstimmen, ist jedoch nicht unzulässig[48]). Frühere Inhalts- oder Gewichtsangaben sollen vor der Einlieferung zur Eichung entfernt sein.

2. Die Bezeichnung ist in der Regel auf einem der Böden anzubringen, und zwar auf diesem selbst oder auf einem besonderen an ihm befestigten Schilde oder in einem gleichfalls befestigten Rahmen mit auswechselbaren Ziffern. Zulässig ist es auch, bei allen metallenen sowie bei kleineren hölzernen Fässern die Bezeichnung in gleicher Weise auf dem Umfange an einer Stelle anzubringen, an der sie vor Beschädigungen[49]) bei der Beförderung usw. gesichert ist.

3. Bierfässer sollen durch ein deutliches über der Bezeichnung aufgebrachtes B besonders als solche gekennzeichnet sein, falls ihre Zweckbestimmung nicht bereits in anderer Weise deutlich ersichtlich ist.

4. Die Angabe des Raumgehaltes ist bei Fässern unter 150 Liter auf Zehntel des Liter, bei größeren Fässern auf ganze Liter abzurunden.

Bei Bierfässern kann die Abrundung unter Fortlassung der überschießenden Zehntelliter, bei den Fässern unter 30 Liter auf halbe Liter, bei den größeren Fässern auf ganze oder halbe Liter erfolgen.

Die Angabe des Gewichts geschieht bei allen Fässern auf Zehntel des Kilogramm.

§ 51.
Fehlergrenze.

Bei Fässern kommen Eichfehlergrenzen[46]) mit Rücksicht auf die Bestimmungen des § 50 Nr. 4 nicht in Betracht.

§ 52.

Stempelung.

1. Die Stempelung erfolgt in der Nähe der Angabe des Raumgehalts oder des Gewichts. Das Jahreszeichen wird der Angabe beigefügt, die Jahresbezeichnung muß als solche deutlich erkennbar[51]) sein. Sie darf nicht auf einem besonderen Pfropfe angebracht sein.

2. Bei der Nacheichung erfolgt die Stempelung in gleicher Weise wie bei der Neueichung.

Erläuterungen.

42. Bei Fässern wird also nicht verlangt, daß der Raumgehalt einer der durch § 14 der M.- u. GO. vorgeschriebenen Größen entspricht, auch wenn sie als Maße im Sinne des § 6 der M.- u. GO. anzusehen sind.

43. Als genießbar gelten zunächst alle trinkbaren Flüssigkeiten, wie Wein, Obstwein, Bier, Milch, Kognak und sonstige Trinkbranntweine usw., dann auch die zur Speisenwürze dienenden Flüssigkeiten, wie Öl, Essig usw. Den Gegensatz hierzu, als nicht genießbare Flüssigkeiten, bilden etwa: denaturierter Spiritus, Lauge, Petroleum usw.

44. Wegen der Prüfung des Materials siehe Instruktion III Nr. 1.

45. Man kann drei Grundformen von Fässern unterscheiden: Tonnen, Zylinderfässer und kannenförmige Fässer. Die Tonnen sind aus Holz oder Metall hergestellt; sie (Fig. 1) sind stark gewölbt (Bierfässer) oder schwach gewölbt (Weinfässer), sie haben einen kreisförmigen (Fig. 1 a) Querschnitt und Boden (Transportfässer) oder einen ovalen (Fig. 1 b) (Lagerfässer). Die Zylinderfässer (Fig. 2) sind Metallfässer; sie haben entweder glatte Wände (Fig. 2 a) oder geriffelte (Fig. 2 b) Wände (Wellblechfässer). Die Metallfässer haben vielfach starke Rollbänder, die mit dem Faßkörper fest verbunden sind (Fig. 2). Bei den kannenförmigen (Fig. 3) Fässern ist eigentlich nur ein Boden vorhanden, da die Füllöffnung fast die ganze Breite des oberen Bodens einnimmt. Sie haben einen besonderen Metalleinsatz (Fig. 3 a) dessen untere Kante die Begrenzung des Raumgehaltes bildet.

46. Die Begriffe „Zapfloch" und „Vorderboden" sind absichtlich in der Eichordnung vermieden. Metallfässer und Weintransportfässer haben vielfach nur eine Öffnung auf dem höchsten Punkte der Wölbung des Körpers, die zugleich zum Füllen und Entleeren dient. Bei den Milchfässern ist gleichfalls nur eine Füll- und Entleerungsöffnung, aber auf einem Boden vorhanden (Fig. 3 a Marthsche Milchkanne, Fig. 1 c hessisches Milchfaß mit zylindrischem Blechaufsatz). Bierfässer haben meist das Spundloch auf der höchsten Stelle der Wölbung und das Zapfloch auf einem Boden; es kommt aber auch vor, daß das Spundloch auf dem Boden und das Zapfloch auf einer Daube nahe dem zweiten Boden bei a (Fig. 1) sich befindet, oder daß Spundloch und Zapfloch auf einem Boden angebracht sind, wenn das Faß unter Druck, z. B. mit Kohlensäureapparat, entleert wird usw.

47. Wegen Prüfung der Gestalt und Einrichtung siehe Instruktion III Nr. 2.

48. Ist z. B. die Inhaltsbezeichnung auf dem Vorderboden angebracht, so steht nichts im Wege, sie nochmals auf dem entgegengesetzten Boden aufzubrennen oder aufzuschlagen. Beide Bezeichnungen müssen aber genau übereinstimmen, auch in den Zahlen hinter dem Komma. Eine weitere Abrundung, z. B. bei Fässern unter 30 Liter auf ganze Liter, ist unzulässig.

49. Bei Fässern mit Rollbändern, die fest mit dem Faßkörper verbunden sind, ist die Anbringung der Bezeichnung auf einer beliebigen Stelle des Umfanges ganz unbedenklich. Bei anderen tonnenförmigen Fässern darf die Inhalts- oder Gewichtsangabe mindestens nicht auf oder in unmittelbarer Nähe der beim Rollen hauptsächlich in Anspruch genommenen höchsten Stelle des Umfanges angebracht werden. Zylinderfässer ohne Rollbänder dürfen auf dem Umfange keine Bezeichnung tragen.

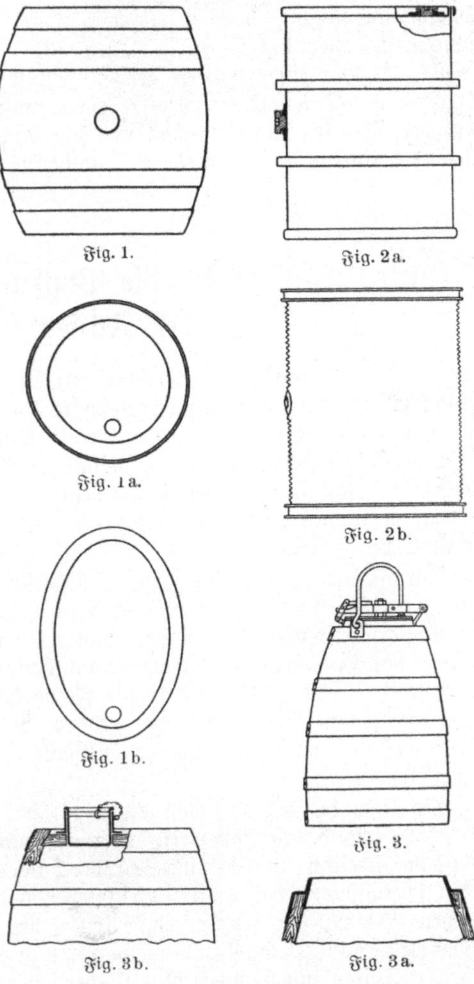
Fig. 1. Fig. 2a. Fig. 1a. Fig. 2b. Fig. 1b. Fig. 3. Fig. 3b. Fig. 3a.

50. Der Eichfehler gibt an, um wieviel ein Meßgerät von der auf ihm angegebenen Sollgröße abweichen darf, um noch eichfähig zu sein. Fässer haben aber keinen Sollraumgehalt, auch tragen sie bei der Einreichung keine Raumgehaltsangabe, weil der Raumgehalt erst von dem Eichbeamten festgestellt wird. Hierbei wird mit einer vorgeschriebenen Prüfungsgenauigkeit gearbeitet; also kann man bei Fässern wohl von dieser, nicht aber von einer Eichfehlergrenze reden (vgl. Instruktion III Nr. 3 c).

51. Die Jahreszahl muß so angebracht sein, daß sie mit der Literzahl nicht verwechselt werden kann, aber doch in möglichster Nähe der Raumgehaltsangabe steht, so daß die Zerstörung der einen auch die Zerstörung der anderen nach sich

zieht (Erläuterung 63). Das Stempelzeichen soll in der Nähe der Angabe des Raumgehalts oder des Gewichts stehen. Es kann auf einem besonderen Pfropf, z. B. auf einem solchen, der ein Schild gegen Abnahme sichert, angebracht sein. Das Jahreszeichen dagegen muß sich auf demselben Körper (Faßboden, Platte, Rahmen usw.) wie die Angabe des Raumgehalts oder Gewichts befinden, nicht auf einem besonderen Pfropf.

V. Instruktion III für die Prüfung und Stempelung der Fässer.

1. Material. Neben Holz[52]) und Metall[53]) kommt zurzeit anderes Material für Fässer nicht in Betracht. Bei Fässern für genießbare Flüssigkeiten müssen alle Metallteile, die mit den Flüssigkeiten in Berührung kommen, wie z. B. die Fassung metallener Spunde bei Bierfässern, metallene Auf- oder Einsätze bei Milch- oder anderen Fässern usw., den Anforderungen des § 32[54]) der Eichordnung auch dann entsprechen, wenn die Berührung nur zeitweilig, etwa beim Füllen oder Entleeren erfolgt.

2. Gestalt und Einrichtung. a) Für die Untersuchung, ob Fässer hinsichtlich ihrer Haltbarkeit, ihrer Ausführung und ihrer sonstigen Beschaffenheit zu Bedenken Anlaß bieten, sind allgemeine Vorschriften nicht zu geben. Mängel der Haltbarkeit werden in der Regel bei der Handhabung oder als Undichtheiten während der Füllung erkennbar werden und Zurückweisung zur Folge haben müssen.

Bei metallenen Fässern bedingen gröbere Abweichungen von der regelmäßigen Gestalt der Wände (ausgedehnte Beulen u. dgl.) ebenfalls die Zurückweisung[14]).

b) Die Form der Fässer[45]) muß derart sein, daß keine Lufträume mehr vorhanden sind, sobald das Wasser den unteren Rand des Spundloches oder der Füllöffnung erreicht. Befinden sich Spundloch oder Füllöffnung auf gewölbten Flächen, so müssen sie daher auf der höchsten Stelle angebracht sein. Sind sie zur besseren Festhaltung der Verschlüsse mit Schraubengewinden oder anderen Hilfsmitteln versehen, so müssen diese, wenn sie in den Maßraum hineinreichen, auf beiden Seiten mit Schlitzen oder Löchern bis zur Innenwand des Fasses durchbrochen sein. Fässer mit Rillen oder Hohlwulsten auf dem Umfange dürfen nur vom Boden aus gefüllt werden[55]).

c) Bei hölzernen Fässern, deren Füllöffnung den ganzen Querschnitt[56]) einnimmt, muß der Raumgehalt durch die deutlich hervortretende Unterkante eines besonderen metallenen Einsatzes begrenzt sein.

d) Bei Fässern mit Umhüllungen[57]) ist von jeder größeren Sendung je eins, mindestens aber je eins auf hundert von demselben Antragsteller eingelieferte Fässer von der Umhüllung zu befreien und auf Gestalt und Einrichtung nach vorstehenden Bestimmungen zu prüfen. Die Abnahme und Wiederanbringung der Umhüllung fällt dem Antragsteller zur Last.

Bestimmung des Raumgehalts der Fässer.

3. Allgemeine Vorschriften.

a) Der Raumgehalt eines Fasses wird entweder durch Umfüllen mit einem Normal oder durch Wägung seiner Wasserfüllung ermittelt. Eichamtliche Raumgehaltsbestimmungen mit Längenmaßen (Visierstäben[58]) u. dgl. sind untersagt.

b) Vor der Raumgehaltsermittelung durch Umfüllen sind alle Fässer innen gehörig zu nässen; nur gepichte Bierfässer, bei denen die Inhaltsangabe auf ganze oder halbe Liter abgerundet werden soll, brauchen nicht genäßt zu werden. Bei anderen Fässern darf bei Masseneichungen von dem Nässen abgesehen werden, jedoch muß dann von dem ermittelten Raumgehalt ein erfahrungsmäßig zu bestimmender Abzug gemacht werden. Die Näßung soll entweder durch vollständiges Füllen mit Wasser oder durch längeres Ausschwenken mit einer geringeren Wassermenge bewirkt werden.

c) Vor der Raumgehaltsermittelung durch Wägung sind nur ungepichte hölzerne Fässer innen zu nässen. Ein äußeres Naßwerden ist bei allen Fässern möglichst zu vermeiden.

e) Die Fehler der Ermittelungen[50]) des Raumgehalts dürfen im Mehr oder Minder höchstens betragen:

Bei Fässern bis zu 30 Liter 0,1 Liter,
bei größeren Fässern $^1/_{300}$ des Raumgehalts.

4. Bestimmung des Raumgehalts mit Meßgefäßen.

a) Bei der Prüfung der kleinsten Fässer (etwa bis zu 10 Liter Inhalt) kann man sich der Gebrauchsnormale für Flüssigkeiten (Instruktion II Nr. 6 und 7) oder auch metallener Flüssigkeitsmaße gleicher Genauigkeit bedienen. Um nicht mit zu vielen Maßen verschiedener Größe arbeiten zu müssen, führt man die letzte Auffüllung besser mit einem im Zehntelliter geteilten Fehlerglase von 1 Liter Raumgehalt aus.

b) Zweckmäßiger ist bei Fässern jeder Größe die Anwendung metallener Konstantmaße (Eichkolben), d. h. größerer Meßgefäße, deren Wasserfüllung in das Faß abgelassen und an geeigneten Ablesungseinrichtungen, z. B. an einem am oberen Rande aufgesetzten engeren Glasrohre, gemessen wird. Solche Eichkolben, wie sie z. B. in Raumgehalten von 5, 10, 20, 50, 100, 150 Liter und mehr[59]) angewendet werden, bedürfen aber bei der Benutzung zur Raumgehaltsbestimmung der Fässer ebenfalls der Ergänzung durch kleinere Maße, z. B. durch das Fehlerglas oder kubizierte Meßgefäße.

5. Der Kubizierapparat, seine Einrichtung und Benutzung.

a) Am vorteilhaftesten prüft man daher Fässer jeder Größe mit kubizierten, mit fortlaufender Einteilung versehenen Meßgefäßen (Kubizierapparaten). Der Querschnitt dieser Apparate soll mit Rücksicht auf die bei der Raumgehaltsermittlung zu verlangende Genauigkeit so bemessen sein, daß dem zulässigen Fehler der Ermittelung eine Änderung des Wasserstandes von mindestens ein Millimeter entspricht. Es soll also z. B. ein Apparat, der zur Raumgehaltsbestimmung von Fässern zu 25 Liter dient, keinen größeren Durchmesser als 35 Zentimeter, ein solcher für 100 Liter keinen größeren als 65 Zentimeter haben.

b) Der Kubizierapparat besteht aus einem zylindrischen Meßgefäß mit trichterförmig zulaufendem Boden, von dessen Spitze ein mit einem Hahn versehenes Ablaßrohr und zweckmäßig auch ein Zuflußrohr ausgeht. Er darf aus emailliertem Gußeisen, aus Kupferblech, aus verzinntem Eisenblech oder aus Zinkblech bestehen. Stärkeres, innen emailliertes Gußeisen wird im allgemeinen vorzuziehen sein. Der Wasserstand im Meßgefäß wird mit Hilfe eines Wasserstandsrohres oder eines Schwimmers festgestellt.

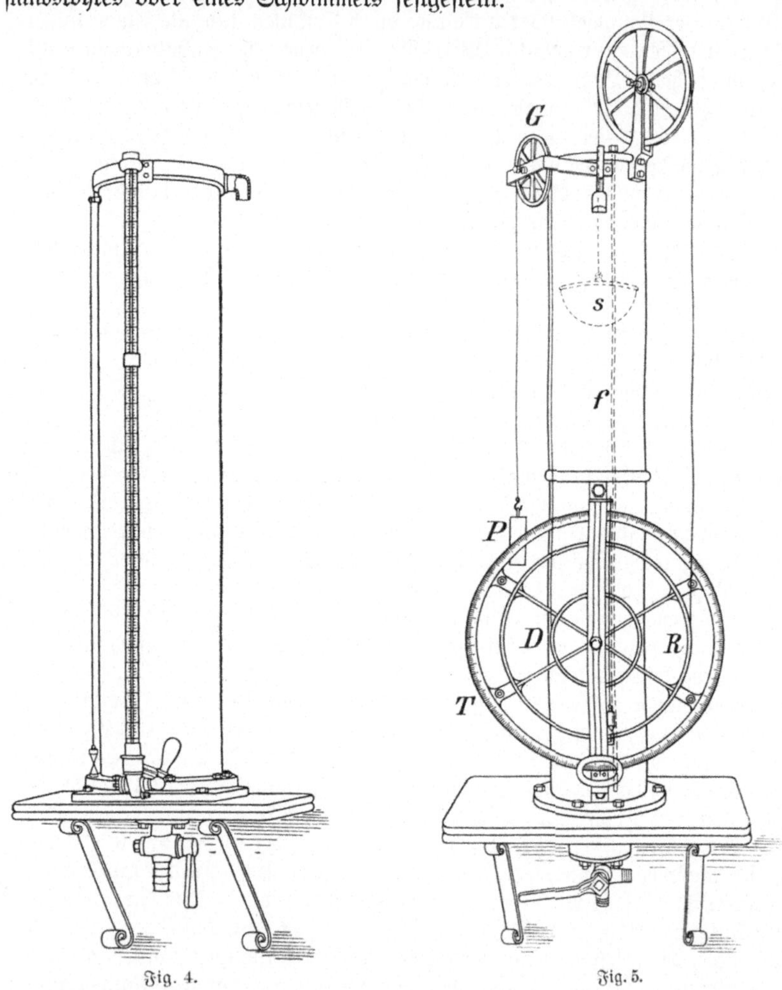

Fig. 4. Fig. 5.

c) Das Wasserstandsrohr (Fig. 4), dessen innere Weite in dem Beglaubigungsschein anzugeben ist, soll aus möglichst spannungsfreiem Glase hergestellt sein. Es ist entweder auf der Glaswand selbst oder auf einer gleichlaufenden Metallskala mit einer Einteilung zu versehen. Die Einteilungsmarken auf dem Rohre müssen mindestens $^1/_4$ der Glaswand umfassen. Befindet sich die Skala hinter dem Glasrohr, so müssen ihre Strichmarken ununterbrochen verlaufen und zu beiden Seiten des Rohres hervortreten. Ist sie neben dem Glasrohr angebracht, so soll sie einen dauerhaften Schieber tragen, der die Einstellungen des Wasserspiegels im Rohr auf die Skala überträgt. Von dem Schieber kann abgesehen werden, wenn die Skale sich zu beiden Seiten des Schlitzes eines dem Glasrohr übergestülpten, der Länge nach aufgeschlitzten Metallrohres befindet, falls die Breite des Schlitzes ein Viertel der Glaswand nicht überschreitet und das Rohr eben verläuft, soweit es eine Einteilung trägt.

d) Erfolgt die Feststellung durch Vermittelung eines Schwimmers, so müssen dessen Bewegungen auf eine geteilte Scheibe (Skalenrad) oder auf eine senkrecht stehende Skala übertragen werden.

Der Schwimmer s soll von der in Fig. 5 und 6 angegebenen oder einer ähnlichen Gestalt sein. Er trägt auf einer Seite oder auf beiden Seiten einen Ring, mittels dessen er durch eine innerhalb des Zylinders lotrecht aufgestellte oder aufgehängte Stange f oder durch zwei Stangen aus Eisen oder besser Kupfer eine Führung erhält, so daß er in jedem Querschnitte des Zylinders nahezu die gleiche Lage einnimmt und verhindert wird, die Wände zu berühren. Der Schwimmer ist in der Mitte seiner oberen Fläche an einem dünnen Draht (ein sehr geeignetes Material hierfür ist Aluminiumbronze) aufgehängt, der über leichtbewegliche, auf dem oberen Rande des Zylinders angebrachte Führungsrollen geleitet ist. Bei den Apparaten mit senkrecht stehender Skala (Fig. 6) überträgt er seine Bewegungen unmittelbar auf ein in einer Führung gleitendes Gegengewicht mit Zeiger, das den jeweiligen Wasserstand auf der neben der Führung befestigten Skala anzeigt.

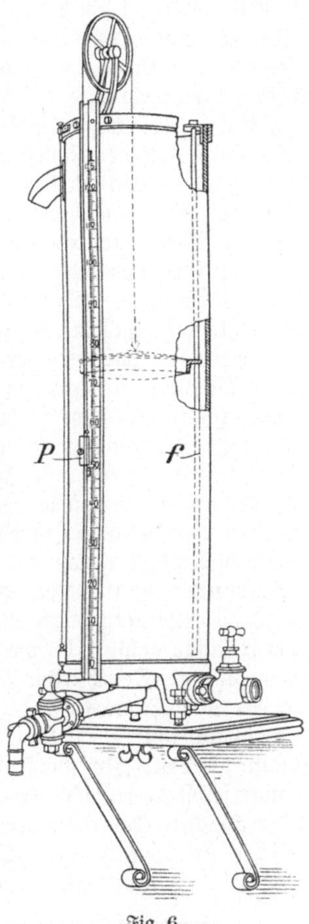

Fig. 6.

Bei den Apparaten mit geteilter Scheibe ist der Draht an dem Umfange des an der äußeren Wandung des Zylinders vorgesehenen Skalenrades R (Fig. 5) befestigt. Auf der gleichen Achse mit dem Skalenrade befindet sich eine Rolle D, an deren Umfang ebenfalls ein Draht angebracht ist, der über eine kleinere Rolle G geleitet wird und an seinem anderen Ende ein Gegengewicht P trägt. Das Gewicht hat das Bestreben, die Rolle D und zugleich das Rad R zu drehen, und zwar im entgegengesetzten Sinne zu der Drehung, die das Gewicht des Schwimmers dem Skalenrad erteilt. Durch diese Einrichtung wird der Schwimmerdraht beständig in der gleichen Spannung erhalten. Auf der Achse des Skalenrades befindet sich außerdem ein eingeteilter Ring T (Fig. 5) von größerem Durchmesser als das Rad, dessen Winkelbewegungen unmittelbar in Liter die Höhenänderungen des Schwimmers bei steigendem oder fallendem Wasserstand angeben. Alle Rollen sollen leicht beweglich sein.

Zur Ablesung der Stricheinteilung wird in der Regel ein mit Ablesungsstrich versehenes Plättchen angewandt, dessen Ablesungskante so nahe in die Ebene des Ringes gebracht wird, daß bei verschiedenen Augenstellungen keine merklich verschiedenen Ablesungen entstehen können.

Die Gültigkeit der Einteilung hängt bei den Apparaten mit Schwimmer von der Unveränderlichkeit der Länge des Verbindungsdrahtes zwischen dem Schwimmer und dem Gegengewicht mit Zeiger oder dem Skalenrad und in geringerem Maße auch von dem Gewicht des Schwimmers und des die Drähte spannenden Gegengewichtes ab. Daher müssen diese beiden Gewichte und die Länge des Verbindungsdrahtes zwischen seinen beiden Befestigungsstellen in dem Beglaubigungsschein über die Prüfung der Kubizierapparate angegeben sein.

Zur weiteren Sicherung der Beziehungen zwischen den messenden Räumen und den Ablesungseinrichtungen soll bei den Kubizierapparaten mit Schwimmer der Wasserstand, bei dem die Ablesungseinrichtungen auf den Nullpunkt der Skale zeigen (Nullpunktswasserstand), noch besonders gekennzeichnet sein. Dies geschieht meist durch eine feste Marke, die an einer Führungsstange des Schwimmers oder an einem besonderen kleinen Wasserstandsröhrchen (Fig. 5) so angebracht ist, daß sie unter Einhaltung der im Beglaubigungsschein angegebenen Länge des Drahtes genau mit dem Flüssigkeitsspiegel zusammenfällt, sobald der Nullpunktswasserstand erreicht ist. Bei anderen Apparaten stellt sich dieser Wasserstand selbsttätig durch einen Überlauf (Fig. 4 und 6) ein, indem das Wasser so lange abläuft, bis die Ablesungseinrichtungen auf den Nullpunkt der Skala einstehen. Der lotrechte Abstand dieser Nullpunktsmarke oder der Unterkante des Ablaufrohres von dem oberen in Betracht kommenden Rande der Zylinderwand muß ebenfalls in den Beglaubigungsschein des Apparates eingetragen werden. Zweckmäßig werden alle diese Angaben auch auf dem Apparate selbst angebracht. Endlich sind noch Schwimmer und Gegengewicht mit der gleichen Fabriknummer zu versehen.

e) Die Kubizierapparate haben meist eine Höhe von 130 Zentimeter und werden in 2 Gruppen mit je drei verschiedenen Größen hergestellt.

Bezeichnung des Apparates	Raumgehalt in Liter	Größe der Teilabschnitte in Liter	Höchstwert des Durchmessers in Zentimeter
A	125	0,1	35
B	500	1	70
C	1020	1	100
I	37	0,1	20
II	150	0,2	40
III	.600	1	80

Je nach örtlichen Verhältnissen und Gewohnheiten sind indessen auch andere Abstufungen zulässig. Gestattet sind ferner auch andere Abmessungen der Höhe und dementsprechend der Durchmesser des Meßgefäßes, sobald nur die unter Nr. 5 a verlangte Genauigkeit eingehalten wird.

f) Die Einteilung der Skalen der Kubizierapparate soll so genau sein, daß die Ablesungsfehler nur Bruchteile des Fehlers der Ermittelung betragen können, der bei den kleinsten mit diesen Apparaten zu eichenden Fässern noch zulässig ist. Bei den kleinsten Apparaten soll das kleinste Skalenintervall einem Raumgehaltsunterschiede von 0,1 Liter entsprechen.

6. Raumgehaltsbestimmungen mit dem Kubizierapparat.

a) Bei der Ingebrauchnahme wird der Kubizierapparat mit dem angebrachten Pendelzeiger auf seine lotrechte Stellung kontrolliert und dann langsam möglichst weit gefüllt. Nach der Füllung wird noch einige Zeit gewartet, damit die beigemengte Luft aus dem Wasser entweicht, wobei das Aufsteigen der an den Wänden haftenden Luftblasen durch Klopfen befördert werden kann. Wenn der Wasserspiegel sich nicht selbsttätig auf den Nullpunkt einstellt, läßt man so lange Wasser abfließen, bis die Ablesungseinrichtung an dem Nullpunkt der Skala einsteht. — Ist man über den Nullpunkt hinausgekommen, so läßt man weiter bis zum nächsten Skalenstrich abfließen, darf aber dann bei den Ablesungen die von Null verschiedene Anfangseinstellung nicht zu berücksichtigen vergessen. Besser ist es aber, genügend Wasser nachzufüllen, um eine genauere Nullpunktseinstellung auch wieder durch Ablassen von Füllwasser zu erreichen, denn bei allen Kubizierapparaten gewinnen die Ergebnisse an Sicherheit, wenn die Einstellungen immer in gleicher Weise bei sinkendem Wasserspiegel ausgeführt werden.

b) Vor dem Beginne der Raumgehaltsermittelung mit dem Kubizierapparat hat man sich davon zu überzeugen, daß die Fässer keine Fremdkörper enthalten und, soweit erforderlich (Nr. 3 b), innen gehörig genäßt sind. Alsdann sind sie so zu füllen, daß das Wasser bis zur Spund- oder Füllöffnung reicht, wobei darauf zu achten ist, daß Ansammlungen von Luftblasen innerhalb des Faßraumes möglichst vermieden werden.

c) Bei allen Füllungen der Fässer durch Überführung von Wasser aus kubizierten Gefäßräumen ist es zweckmäßig, gegen den Schluß der Prüfung den Wasserzufluß zu verlangsamen[60]) oder kurz vor der vollständigen Faßfüllung einzuhalten und die letzte geringe Wassermenge mit kleinen kubizierten Gefäßen nachzufüllen. Hierbei können u. a. in Zehntel geteilte Fehlergläser für 1 Liter Raumgehalt (Anlage A, III, B, 2) oder geeignete Meßwerkzeuge für Flüssigkeiten benutzt werden. Die schließliche Ablesung der Einteilung an dem Zifferblatt oder der Skala des Kubizierapparates ergibt unter Hinzurechnung des etwa aus Fehlergläsern usw. noch hinzugefügten kleinen Wasserzuschusses den Raumgehalt des Fasses.

Zulässig ist auch die Verwendung besonderer Apparate, welche den Wasserzufluß selbsttätig absperren, sobald das Faß gefüllt ist. Derartige Apparate sind nur mit Genehmigung der Aufsichtsbehörde zu benutzen.

d) Unter Umständen empfiehlt es sich, im Eichlokal außer dem Kubizierapparat einen größeren Wasserbehälter zu haben, in dem das Wasser die Temperatur des Lokals annehmen kann und überdies von den aus den Zuleitungen herrührenden größeren Luftbeimengungen frei wird. Aus diesem Behälter wird alsdann der Kubizierapparat gefüllt.

7. Die Raumgehaltsbestimmung durch Wägung der Wasserfüllung.

a) Zur Bestimmung des Raumgehalts der Fässer durch Wägung ihrer Wasserfüllung bedient man sich einer Dezimal- oder Zentesimal-Brückenwage von geeigneter (Nr. 14 d) Genauigkeit und Empfindlichkeit.

Das Faß wird — ein ungepichtes Holzfaß nach gehöriger innerer Nässung (Nr. 3 c) — vollständig gefüllt (Nr. 6 c), dann außen abgetrocknet und abgewogen (Bruttowägung). Sodann wird die Temperatur seiner Wasserfüllung an einem eingesenkten Thermometer ermittelt. Hierauf wird das Faß vollständig entleert und, nachdem es aufs neue außen abgetrocknet worden ist, noch einmal gewogen (Nasse Tara)[61]). Aus dem durch Abzug der Tara von dem Bruttogewichte des Fasses gefundenen Gewichte der Wasserfüllung (Nettogewicht) und aus der Temperatur der Wasserfüllung ergibt sich sein Raumgehalt mit Hilfe der Tafel 3 der Anlage B der Allgemeinen Instruktion. Für genauere Bestimmungen können auch die Tafeln 1 und 2 benutzt werden.

Bestimmung des Gewichts der leeren Faßkörper (Tarabestimmung).

8. Vorbereitung für die Tarabestimmung.

a) Die Angabe der Tara bezieht sich lediglich auf das Gewicht der leeren Faßkörper (mit den zum Verschluß der vorhandenen Öffnungen dienenden Zapfen usw.), also auf das Gewicht ohne die sogenannten Rollbänder oder Umhüllungen. Die Eichämter sind daher berechtigt, falls Fässer mit Rollbändern oder Umhüllungen zur Tarabestimmung eingeliefert werden, vor Ausführung der Wägung die Entfernung der Bänder und der Umhüllungen von dem Antragsteller zu verlangen[57]) und, falls diesem Verlangen nicht entsprochen wird, die Tarabestimmung abzulehnen. Die Wiederanlegung der Rollbänder und Umhüllungen nach Ausführung der Wägung fällt ebenfalls dem Antragsteller zur Last.

Von dem Abnehmen der Rollbänder und Umhüllungen kann nur Abstand genommen werden, wenn diese so fest mit dem Faß verbunden und deshalb so schwer lösbar sind, daß sie als ein Teil des Faßkörpers angesehen werden können. In der Regel wird dies nur bei Fässern aus Metall der Fall sein.

b) Die Fehler der Ermittelung der Tara dürfen im Mehr oder Minder höchstens betragen:

bei Fässern bis zu 30 Kilogramm 0,1 Kilogramm,

bei größeren Fässern $^{1}/_{300}$ der Tara.

9. Verfahren bei der Tarabestimmung.

a) Die Bestimmung der Tara[62]) erfolgt entweder durch Auswägung des innen genäßten Fasses (nasse Tara, NT) oder des innen trockenen Fasses (trockene Tara, TT). Bei hölzernen Fässern kann die trockene oder die nasse Tara, bei metallenen Fässern darf nur die trockene Tara angegeben werden.

Bei der Tarabestimmung sollen hölzerne Fässer außen nicht ungewöhnlich naß sein. Dagegen sollen ungepichte hölzerne Fässer vor der Bestimmung der nassen Tara innen so weit genäßt sein, daß die Faßwände nahezu den gleichen

Flüssigkeitsbetrag aufgenommen haben, den sie erfahrungsmäßig bei andauernder Füllung mit wasserhaltigen Flüssigkeiten einsaugen. Das zu wägende Faß soll daher mehrere Stunden mit Wasser vollständig gefüllt bleiben und erst kurz vor der Wägung entleert werden.

b) Die trockene Tara darf bei hölzernen Fässern nur angegeben werden, wenn nach der Versicherung des Antragstellers die inneren Wände durch einen Leim- oder Gelatineüberzug[62]) geschützt sind, der in den Flüssigkeiten, für welche die Fässer bestimmt sind, unlöslich ist, so daß eine spätere Flüssigkeitsaufnahme und entsprechende Gewichtsvermehrung ausgeschlossen erscheint. Ob die angegebenen Umstände tatsächlich zutreffen, braucht nicht besonders untersucht zu werden.

c) Soll eine Tarabestimmung zugleich mit einer Raumgehaltsbestimmung stattfinden, oder soll ein Faß, das eine eichamtliche Raumgehaltsbezeichnung trägt, nachträglich auch mit der Aufstempelung der Tara versehen werden, so darf diese bei hölzernen Fässern nur die nasse, bei metallenen Fässern nur die trockene Tara betreffen. Wenn daher hölzerne Fässer mit Angabe der trockenen Tara zur Raumgehaltsermittelung vorgelegt werden, so ist vor dieser die Taraangabe zu entfernen. Wenn umgekehrt einem hölzernen Fasse, dessen trockene Tara festgestellt werden soll, bereits der Raumgehalt aufgestempelt ist, so ist zuvor die Angabe des Raumgehalts fortzubringen.

10. Bezeichnung und Stempelung.

a) Die Raumgehaltsangabe, Gewichtsbezeichnung und Stempelung sollen auf dem Boden, sie können bei den metallenen und bei kleineren hölzernen Fässern auch auf einer vor Beschädigungen beim Rollen geschützten Stelle des Umfanges aufgebracht werden[49]). Sie erfolgt entweder unmittelbar auf der Faßwand oder auf einem besonderen Schilde durch Einbrennen, Aufschlagen, Aufdrücken und, abgesehen vom Stempelzeichen, auch unter Benutzung auswechselbarer metallener Ziffern und Buchstaben. Einzelne Bestandteile der Bezeichnung, die sich nicht ändern, wie z. B. die Einheitsangabe auf dem Schilde u. a. dürfen auch ein für allemal fest angebracht, etwa aufgegossen u. dgl. sein. Das Schild muß aus einem Material bestehen, das gegen Beschädigungen hinreichend widerstandsfähig ist[63]). Es muß mit dem Faßkörper dauerhaft, z. B. durch Nieten, Schweißen, Löten usw. verbunden sein, oder durch Stempelung gegen Abnahme gesichert werden können. Hat das Schild auswechselbare Teile, z. B. Stempelplatten, Rahmen, Ziffern usw., so müssen sie gegen Herausnahme durch die Art der Verbindung und Ausführung gesichert sein oder durch Stempelung gesichert werden können[16]). Alle auswechselbaren Teile sowie die etwa erforderlichen Geräte sind vom Antragsteller zu liefern[64]).

Wie das Schild, so darf auch die Stempelplatte nicht zu dünn sein. Sie muß aus einem Material bestehen, das weder zu weich noch zu hart ist, so daß die Stempel sich gut ausprägen.

b) Die Form und Ausführungsart[65]) allein kann ein Faß nicht von dem Zwange befreien, nach § 50 Nr. 3 der Eichordnung durch ein B als Bierfaß besonders gekennzeichnet zu werden. Dagegen soll von der Aufbringung des B bei Fässern abgesehen werden, die gepicht sind oder die den Namen einer

Brauerei, eines Brauereiinhabers, einer bestimmten Biersorte u. dgl. tragen.

Die Aufbringung des B geschieht in der Regel durch den Eichmeister. Erfolgt sie durch den Antragsteller, so muß jedenfalls für die Bezeichnung hinreichender Platz freigelassen werden.

c) Die bei Fässern von 150 Liter oder größerem Raumgehalt vorgeschriebene Abrundung der Raumgehaltsangabe auf ganze Liter erfolgt in der Weise, daß ein halbes Liter und darüber als ein volles Liter gerechnet wird, dagegen weniger als ein halbes Liter unberücksichtigt bleibt. Ebenso geschieht die bei Fässern unter 150 Liter Raumgehalt vorgeschriebene Abrundung auf Zehntel des Liter derart, daß ein halbes Zehntel und darüber für ein volles Zehntel gilt, weniger als ein halbes Zehntel aber unberücksichtigt bleibt. Die Zehntel sind in Dezimalbruchform anzugeben. Ergibt die Abrundung bei Fässern unter 150 Liter Raumgehalt gerade ein volles Liter, so ist die Stelle des Zehntels hinter dem Komma durch eine Null auszufüllen[66]).

d) In gleicher Weise wie bei der Raumgehaltsangabe ist bei den auf Tara untersuchten Fässern hinsichtlich der Gewichtsangabe zu verfahren[66]). Der Angabe des Gewichts ist je nach der Art der vorangegangenen Tarabestimmung die Bezeichnung TT oder NT beizusetzen.

e) Soll bei Bierfässern die Inhaltsbezeichnung nach § 50 Nr. 4 Abs. 2 der Eichordnung abgerundet werden, so bleiben bei Abrundung auf ganze Liter die Zehntelliter unberücksichtigt, und es wird nur die volle Literzahl ohne die Null hinter dem Komma und ohne Komma aufgebracht. Ein Faß mit einem Raumgehalte von 37,9 Liter erhielte also z. B. die Bezeichnung 37 l. Bei Abrundung auf halbe Liter werden ein halbes Liter und mehr als ein halbes Liter berechnet, während weniger als ein halbes Liter nicht berücksichtigt wird. Ein Bierfaß von 28,9 Liter wäre also mit 28,5 l, ein solches von 28,4 Liter mit 28 l zu bezeichnen. Es ist gestattet, für die . . ,5 auch kleinere Zahlen zu verwenden als für die Ziffern vor dem Komma.

f) Das Stempelzeichen ist nach Möglichkeit zwischen die Bezeichnung und die Jahreszahl zu setzen, indessen darf es auch an anderen Stellen, z. B. auf einer Sicherungsschraube bei Schildern, angebracht werden, wenn für die Literzahl größere — und zwar mindestens 15 Millimeter hohe — Typen verwendet werden als für die Jahreszahl, so daß beide Angaben sich deutlich voneinander unterscheiden[51]).

11. **Nacheichung.** Die Nacheichung erfolgt in der gleichen Weise wie die Neueichung unter Berücksichtigung der Vorschriften und unter Anwendung der Prüfungsverfahren in Nr. 4 a und b, Nr. 6, Nr. 7 und Nr. 9. Eine bloße Nachprüfung ohne neue Raumgehalts- oder Taraangabe und Stempelung ist unzulässig.

Vor jeder Nacheichung sind daher von dem Antragsteller die alten Raumgehalts- oder Gewichtsangaben sowie das Stempelzeichen und die Jahreszahl durch Abhobeln oder Abschaben, durch Abnahme der Metallplatte oder Herausnahme der auswechselbaren Teile usw. vollständig zu entfernen (§ 50 Nr. 1 der EO.).

Eine Erneuerung einzelner Ziffern in den Raumgehalts- oder Taraangaben oder in der Jahreszahl ist durchaus unzulässig. Auch eine bloße Entwertung des alten Stempelzeichens ist unstatthaft.

12. **Befundprüfung bei Bierfässern.**

Wird ein geeichtes Bierfaß, dessen Inhaltsangabe auf ganze oder halbe Liter nach unten abgerundet ist (§ 50 Nr. 4 Abs. 2 der EO.), zur Befundprüfung eingereicht, so findet eine Entwertung der Inhaltsangabe sowie der Jahreszahl und des Stempelzeichens nur dann statt, wenn der gefundene, unabgerundete Inhalt von der auf dem Fasse angebrachten Angabe um mehr als die Verkehrsfehlergrenze abweicht und wenn gleichzeitig durch die Abrundung die Inhaltsangabe auf dem Fasse sich ändern würde. Wenn ein Faß z. B. die Angabe 36 l trägt und der wirkliche Inhalt wird zu 36,8 Liter gefunden, so weicht dieser Wert von 36 Liter allerdings um mehr als die Verkehrsfehlergrenze von 0,7 Liter ab, durch Abrundung aber erhält man wieder 36 Liter. Wird der Inhalt zu 35,8 Liter gefunden, so erhielte man durch Abrundung zwar 35 Liter, aber die Abweichung des gefundenen Inhalts von dem aufgebrachten liegt innerhalb der Verkehrsfehlergrenze. Die Angabe bleibt also in beiden Fällen bestehen. Findet der Eichbeamte dagegen 35,2 Liter oder weniger, so überschreitet die Abweichung die Verkehrsfehlergrenze, außerdem führt die Abrundung zu 35 Liter, die Inhaltsangabe auf dem Fasse ist daher zu entwerten.

13. **Behandlung der Gebrauchsnormale.**

a) Über die Behandlung der gläsernen Eichkolben ist in der Instruktion II unter Nr. 13a bereits das Erforderliche gesagt worden. Bei den metallenen Eichkolben ist mit besonderer Sorgfalt darauf zu achten, daß die zur Berichtigung dienenden Stopfbuchsen keine Lagenänderungen erfahren. Die Ersetzung eines zerbrochenen Glasrohres durch ein neues bedingt eine neue Prüfung des Eichkolbens nur dann, wenn der Durchmesser des Ersatzrohres von dem des zerbrochenen Rohres bei 10 Liter-Kolben um mehr als 0,5 Millimeter, bei den Kolben zu 20 Liter und darüber um mehr als 1 Millimeter abweicht. Die Entscheidung trifft die Aufsichtsbehörde. Zweckmäßig wird jedem Eichkolben ein Ersatzrohr beigegeben.

b) Die Kubizierapparate sollen auf einen festen hölzernen oder eisernen Bock oder eine in die Wand eingelassene Konsole derart gestellt werden, daß der Untersatz an den Boden fest anschließt, und daß Lagenänderungen möglichst ausgeschlossen erscheinen. Die Achse des Gefäßes muß senkrecht stehen.

Wird ein zerrissener Draht durch einen neuen ersetzt, so muß dieser die gleiche Länge, die gleiche Stärke und möglichst die gleiche Dehnung haben wie der alte, er muß auf diese Eigenschaften untersucht sein. Wird in einen Kubizierapparat ein neues Wasserstandsrohr eingesetzt, so muß es den gleichen Durchmesser wie das herausgenommene haben. Eine vollständige Prüfung des Apparates wird durch die Ersetzung des Drahtes oder des Wasserstandsrohres nicht bedingt, es ist nur darauf zu achten, daß bei der Nulleinstellung an der Skala auch der Nullpunktswasserstand genau der frühere, durch die besonderen Einrichtungen (Marke, Ablauf) gekennzeichnete ist. Zweckmäßig werden Ersatzrohre und -drähte bereitgehalten. Drähte von der erforderlichen Länge werden am besten zwischen zwei Nägeln senkrecht und unter Spannung aufbewahrt; sie sind dann sofort gebrauchsfähig.

c) Die Brückenwage wird zweckmäßig so aufgestellt, daß die Ebene ihrer Brücke mit der Ebene des Fußbodens zusammenfällt, damit die Fässer mühelos auf die Brücke gerollt werden können.

14. **Prüfung und Fehlergrenzen der Gebrauchsnormale.**

a) Keine vom Nullpunkte der Ablesungseinrichtung ab gerechnete Raumgehaltsangabe eines Kubizierapparates darf im Mehr oder Minder um mehr als 4 Zehntel des bei der eichamtlichen Raumgehaltsangabe eines Fasses zulässigen Fehlers der Ermittelung fehlerhaft sein[67]). Mit entsprechender Genauigkeit sind auch die in Nr. 46 erwähnten Konstantmaße zu berichtigen.

Die Prüfung der Skalenangaben der Kubizierapparate auf die Einhaltung dieser Fehlergrenze soll in der Regel durch Wägung des von der Nullpunktsangabe bis zu einer zu prüfenden Skalenangabe aus den Kubizierapparaten abgelassenen Wassers unter Benutzung der Tafel 3 (Anlage B) erfolgen. Bei der Untersuchung ist mit besonderer Sorgfalt auf gleichmäßige Temperatur des Füllwassers und des Arbeitsraums und auf deren zuverlässige Ermittelung zu achten[68]). Die Prüfung kann aber auch in einer von den Temperaturverhältnissen nahezu unabhängigen Weise mit metallenen Eichkolben ausgeführt werden. Die Eichkolben sollen in Größen von 5, 10, 20, 50 oder 100 Liter angewendet werden, solche von 100 Liter indessen nur bei Kubizierapparaten von den größten Abmessungen. Die Genauigkeit, mit der sie für den vorliegenden Zweck unter Benutzung der Tafeln 1 und 2 (Anlage B) zu berichtigen sind, muß derjenigen der Kontrollnormale für Hohlmaße zu trockenen Gegenständen entsprechen. Daher dürfen die Abweichungen von der Richtigkeit

bei einem Eichkolben	höchstens betragen
von 100 Liter	40 Kubikzentimeter
„ 50 „	20 „
„ 20 „	10 „
„ 10 „	5 „
„ 5 „	2,5 „

b) Das Verfahren bei der Prüfung der Skala eines Kubizierapparates gestaltet sich bei Anwendung eines mit der erwähnten Genauigkeit richtig gestellten metallenen Eichkolbens zu 50 Liter beispielsweise für einen Kubizierapparat B (Nr. 5 e) folgendermaßen:

Von dem Nullpunkte der Skala des Kubizierapparats an werden nacheinander je 50 Liter, das erstemal vom Nullpunkte der Skala bis zum 50 Liter-Strich, das zweitemal vom 50 Liter-Strich bis zum 100 Liter-Strich usw. aus dem Kubizierapparat in den Eichkolben unter Beobachtung aller bereits früher erörterten Vorsichtsmaßregeln übergefüllt. Bei jeder Überfüllung einer Wassermenge, welche einer Änderung der Ablesung des Kubizierapparats um genau 50 Liter entspricht, wird beobachtet, um wieviel diese dem Nennwerte nach 50 Liter betragende Wassermenge von der genauen 50 Liter-Füllung des metallenen Eichkolbens abweicht. Zur Ermittelung der bezüglichen kleinen Unterschiede sind entweder an dem Glasrohre des Eichkolbens kleinere Raumgehaltseinteilungen vorhanden, oder es werden die bekannten Hilfsmittel (Büretten usw., (Instruktion II Nr. 4e) benutzt. Mittels dieses Verfahrens wird man in ähnlicher Weise, wie man ein größeres Längenmaß mit Hilfe eines kleineren Normals prüft (Instruktion I Nr. 7g), den Fehler jeder Skalenangabe, die von dem Nullpunkt um ein ganzes Vielfaches von 50 Liter entfernt ist, ermitteln können, indem man die beobachteten Fehler der Angaben der zwischen dem Nullpunkt und der bezüglichen Skalenstelle beobachteten Zwischenstufen von 50 Liter mit Berücksichtigung des Mehr oder des Minder aufrechnet. Beträgt der Raumgehalt des auf solche Weise geprüften Kubizierapparats mehr als 500 Liter, hat also zur Prüfung eines Endstriches der Skala eine mehr als zehnfache Summierung derartiger Einzelbestimmungen zu erfolgen, so bedarf es noch einer Kontrolle mit einem größeren Normalgefäß. Man benutzt z. B. noch einen Eichkolben zu 100 Liter von 0 bis 100, 100 bis 200 Liter usw. zur Prüfung der Skala und verbindet die auf diese Weise bestimmten Fehler der 100 Liter-, 200 Liter- usw. Striche mit den aus der 50 Liter-Reihe hervorgehenden Fehlern zu Mittelwerten und leitet alsdann die Fehler der dazwischen liegenden 50 Liter-Striche immer aus den Fehlern der vorangehenden 100 Liter-Striche ab.

Von den 50 Liter-Strichen ausgehend, kann man ferner in ähnlicher Weise mit metallenen oder gläsernen Eichkolben zu 10 und zu 5 Liter bis zur Prüfung der Fehler der kleineren Unterabteilungen der Skala vorschreiten. Bei den größeren Kubizierapparaten wird es im allgemeinen genügen, solche Prüfungen bis zu den 5 Liter-Strichen fortzusetzen, während bei den kleineren mit geeigneten Fehlergläsern oder gläsernen Eichkolben auch noch bis zu den 1 Liter-Strichen hinabzugehen sein wird. Die Richtigkeit aller engeren Untereinteilungen der Skalen, etwa derjenigen, die weniger als ein Fünfzigstel oder ein Hundertstel des Gesamtinhalts des Kubizierapparats angeben, wird man insbesondere dann durch Prüfung der Regelmäßigkeit der Einteilung der Skalen erledigen können, wenn obige Prüfungen einen genügend gleichmäßigen Verlauf der Einteilung der Skala und des Kalibers des Meßgefäßes ergeben haben.

Statt des obigen Prüfungsverfahrens, bei dem man um je 50 Liter der zu prüfenden Skala fortschreitet, kann man auch das für die Rechnung einfachere, aber in der Messung meistens etwas mühsamere Verfahren einschlagen, daß man vom Nullstrich anfangend jedesmal die genaue Füllung des Eichkolbens, eine an die andere anschließend, abläßt und dabei, z. B. von 50 zu 50 Liter, beobachtet, um wieviel die Ablesung an der Skala des Apparats von dem Strich abweicht, der das entsprechende Vielfache einer Füllung von 50 Liter angibt. Diese Abweichungen sind dann unmittelbar die Fehler der Skalenangaben vom Nullstrich aus gerechnet.

Wenn die Prüfungen mit den Eichkolben hinreichend genaue Ergebnisse liefern sollen, so muß bei Entleerung der Kolben von dem Augenblick an, wo das Wasser aufhört in zusammenhängendem Strahle auszufließen, bis zum Schließen des Ablaufhahnes noch 20 Sekunden gewartet werden, nämlich so lange, bis der an den Wandungen haftende Benetzungsrückstand einen gleichbleibenden Wert erreicht hat.

c) Die Nachprüfung der metallenen Eichkolben darf nur durch Auswägung des Füllwassers und mit Rücksicht auf ihre Genauigkeit nur durch die Aufsichtsbehörden geschehen.

Die Einteilung auf dem Glasrohre der metallenen Eichkolben soll in ihren vom Nullstrich aus gerechneten Raumgehaltsangaben die gleichen Fehlergrenzen einhalten wie die Büretten (Instruktion II Nr. 13d). Der Abstand zweier benachbarter Teilmarken soll mindestens 1 Millimeter betragen[68]).

d) Die zu den Wägungen der Fässer und ihrer Wasserfüllungen zu benutzenden Wagen und Gewichte sollen stets derartig beschaffen und berichtigt sein, daß das Wägungsergebnis höchstens mit einem Fehler behaftet sein kann, der 4 Zehntel des bei der Eichung zulässigen Fehlers der bezüglichen Tara- oder Raumgehaltsbestimmung beträgt.

Demgemäß soll die Wage in bezug auf Empfindlichkeit und Richtigkeit den Vorschriften des § 98 der Eichordnung genügen, während die Gewichtsstücke die Genauigkeit von Gebrauchsnormalen haben sollen, also höchstens um 4 Zehntel der Beträge fehlerhaft sein dürfen, die im § 79 der Eichordnung für Handelsgewichte noch zugelassen sind.

Zur Prüfung der Brückenwagen auf die Einhaltung obiger Vorschriften verwendete Gewichtsstücke müssen mit der Genauigkeit der Gebrauchsnormale für Handelsgewichte berichtigt sein. Zur Kontrolle und Erhaltung der Richtigkeit der bei den Wägungen zu gebrauchenden Gewichtsstücke von 50 Kilogramm bis 1 Gramm ist ein zweiter Satz solcher Gewichtsstücke erforderlich, die sonst nicht zu benutzen und ebenfalls innerhalb der Genauigkeit der Gebrauchsnormale richtig zu halten sind. Ist das Eichamt auch für die Eichung von Gewichten eingerichtet, so dürfen zu vorstehender Prüfung der bei der Faßeichung zu benutzenden Gewichtsstücke die bezüglichen Gebrauchsnormale verwendet werden.

Erläuterungen.

52. Von Holzfässern haben sich bisher nur aus Dauben zusammengesetzte, mit Holz- oder Eisenreifen gebundene eingeführt, die sogenannten Spanfässer haben sich nicht bewährt und sind auf Grund des § 2 der EO. nicht zur Eichung zugelassen (Erläuterung 14).

53. Für Metallfässer wird bis jetzt ausschließlich Eisen verwendet in Form von versilbertem, verzinntem oder nach besonderem Verfahren lackiertem Blech oder von emailliertem Gußeisen. Bei den zylinderförmigen Fässern ist meist der Körper aus einem zusammengerollten und dann vernieteten Blech (glatten oder Wellblech) gebildet, während die Böden eingelötet oder eingenietet sind. Die tonnenförmigen Fässer bestehen vielfach aus zwei gepreßten oder gegossenen Schalen, die an der höchsten Stelle, am oberen Rande der Schalen, umgefalzt und dann zusammengelötet oder geschweißt sind. Doch gibt es auch nahtlos geschweißte Tonnen (Gazellenfässer), bei denen die Böden eingesetzt sind.

54. § 32 der EO., soweit er hier in Betracht kommt, lautet: Das Metall muß so beschaffen sein, daß es schädliche Folgen für die Gesundheit bei dem

ordnungsmäßigen Gebrauch der Maße nicht befürchten läßt und den reichsgesetzlichen Bestimmungen über den Verkehr mit blei- und zinkhaltigen Gegenständen genügt.

Ganze Fässer aus Kupfer, Messing (die innen verzinnt sein müßten) oder zink- oder bleihaltigen Metallen werden bisher nicht verwendet, von Wichtigkeit ist die Vorschrift aber für emaillierte Fässer. Sie kommt ferner in Betracht für die in das Spundloch eingesetzten Schraubenmuttern gewisser Spundarten, die Metalleinsätze der Marthschen Milchkannen, die zylindrischen Aufsätze mit Deckel, wie sie die Milchfässer in Hessen-Darmstadt haben (Fig. 1 c), auch für sonstige Metallverschlüsse. Der Eichmeister hat nur darauf zu achten, daß alle Eisenteile vollständig verzinnt, vernickelt, mit Nickel plattiert oder emailliert sind. Die Zusammensetzung der Emaille oder der Metallegierungen zu prüfen ist nicht seine Sache. Besteht indessen ein begründeter Verdacht, daß sie den Vorschriften des Gesetzes betreffend den Verkehr mit blei- und zinkhaltigen Gegenständen (RGBl. 1887, S. 273) nicht entsprechen, so ist der Aufsichtsbehörde Mitteilung zu machen, die das Weitere veranlassen wird (Instruktion II Nr. 1).

55. Fässer mit nach innen gewölbtem Boden, eine Form, die sich namentlich bei älteren Bordeauxfässern findet, dürfen umgekehrt nur von einer Öffnung auf der höchsten Stelle des Umfanges gefüllt werden.

56. Diese Form weisen zurzeit nur die sogenannten Marthschen Milchkannen (Fig. 3 und 3 a, S. 25) auf.

57. Es sind dies Fässer — meist metallene — die zum Schutze gegen Stöße beim Transport, namentlich dem Schiffstransport, in ein zweites hölzernes oder metallenes Faß eingesetzt sind. Für die eichamtliche Untersuchung kommt nur das innere Faß in Betracht, das daher wenigstens herausgreifend gesondert von der Umhüllung geprüft werden muß. Zur Abnahme und Wiederanbringung des äußeren Fasses sind die Eichbeamten nicht verpflichtet.

58. Sogenannte Rojestäbe werden noch heute in Hamburg vielfach zur Raumgehaltsbestimmung der Fässer benutzt.

59. In einigen Eichämtern, die hauptsächlich Stückfässer (1200 Liter) und Doppelstücke eichen, hat man Konstantmaße mit 1000 Liter Raumgehalt, die mit einem Überlauf versehen sind. Während der Entleerung des Maßes braucht sich dann der Beamte nicht um das Faß zu bekümmern, was eine bedeutende Zeitersparnis mit sich bringt.

60. Bei dem Füllen des Fasses aus dem Kubizierapparat ist mit Vorsicht zu verfahren. Sobald man hört oder sieht, daß die Füllung nahezu vollständig ist, wird der Hahn der Leitung so weit zugedreht, daß das Wasser nur noch in schwachem Strahle fließt. Ist gleichwohl das Wasser übergelaufen, so soll man sich nicht damit begnügen, diese Menge abzuschätzen und von der Ablesung an der Skala des Apparates abzuziehen, sondern lieber die Prüfung wiederholen.

Es sind Vorrichtungen erfunden, die den Wasserzufluß aus dem Kubizierapparat selbsttätig absperren, sobald das Faß gefüllt ist, oder die ein Signal geben, wenn die Füllung fast beendet ist. Solche Vorrichtungen können unter

Umständen ganz zweckmäßig sein. Vorläufig sind sie noch nicht so weit erprobt, daß bestimmte Ausführungen empfohlen werden könnten. Vor der Ingebrauchnahme ist jedenfalls die Erlaubnis der Aufsichtsbehörde einzuholen.

Sehr zweckmäßig ist da, wo viele Fässer gleicher Größe vorkommen, die Benutzung von Konstantmaßen zum Vorfüllen, deren Raumgehalt hinter dem der Fässer einige Liter zurückbleibt. Der Rest muß dann mit dem Kubizierapparat oder mit geteilten Meßgefäßen nachgefüllt werden.

61. Da bei der Raumgehaltsbestimmung durch Wägung ein Naßwerden der Brücke der Wage kaum zu vermeiden ist, empfiehlt es sich, diese leicht zu nässen und nach jeder Wägung wieder leicht abzutrocknen.

In der Vorrede zu Tafel 3 ist in Beispiel 1 eine genaue Anweisung zur Ermittelung des Raumgehaltes eines Fasses durch Auswägung seiner Wasserfüllung gegeben. Tafel 3 gilt aber nur für hölzerne Fässer. Soll ein eisernes Faß ausgewogen werden, so ist nach dem Beispiel 3 in der Vorrede zu den Tafeln 1 und 2 zu verfahren.

62. Tarabestimmungen kommen nur noch vereinzelt vor, da sie von den Steuerbehörden nicht mehr verlangt werden. Sie betreffen meist nur noch Milchfässer und geschehen dann im bahnamtlichen Interesse. Einen Leim- oder Gelatineüberzug findet man hauptsächlich bei Petroleumfässern, die aber bei der ständigen Zunahme der Tankschiffe und Tankwagen auch mehr und mehr verschwinden.

63. Als Material für die Schilder kommen z. B. in Betracht: Kupfer, Zinn, Zink, Aluminium und genügend harte Legierungen dieser Metalle, wie Messing, Bronze und andere; ausgeschlossen sind reines Blei und zu weiche Bleizinn- und sonstige Bleilegierungen (Erläuterung Nr. 36). Für die Rahmen und die auswechselbaren Teile eignen sich, sobald sie über den Faßboden hervorragen und auch sonst, nur Eisen und harte Bronze. Die auswechselbaren Ziffern dürfen, wenn sie durch einen erhöhten Rahmen geschützt sind, auch emailliert sein.

64. Hierher gehören die Zahlen und Literzeichen, etwaige Schlüssel oder Meißel zum Herausheben der Platten, Bleiplomben usw.

65. Die Bierfässer sind meist stärker gebaut und stärker gewölbt als die Wein- und Obstweinfässer, doch trifft dies Unterscheidungsmerkmal nicht allgemein zu. Dagegen kann ein gepichtes Faß immer als Bierfaß angesehen werden, ungepichte Fässer nur dann, wenn sie den Namen einer dem Beamten bekannten Braufirma oder Biersorte oder ein anderes sicheres Kennzeichen tragen.

Die Aufschriften müssen untrennbar mit dem Faßkörper verbunden, bei Holzfässern z. B. aufgebrannt und nicht nur aufgeklebt sein. Sie dürfen nur soviel Platz beanspruchen, daß für die amtliche Bezeichnung und Stempelung noch genügender Raum freibleibt. Das Gleiche gilt von dem B, wenn es bei der Einlieferung bereits auf dem Fasse vorhanden ist.

66. Die Bezeichnung hat also z. B. zu lauten: 102,7 l, 98,0 l, 610 l, NT 15,4 kg usw.

67. Die Fehlergrenzen der Kubizierapparate betragen demnach:

Teilungsmarken in Litern	Fehlergrenze in Kubikzentimetern	Teilungsmarken in Litern	Fehlergrenze in Kubikzentimetern
1	1,33	60	80,00
2	2,67	70	93,33
3	4,00	80	106,67
4	5,33	90	120,00
5	6,67	100	133,33
6	8,00	200	266,67
7	9,33	300	400,00
8	10,67	400	533,33
9	12,00	500	666,67
10	13,33	600	800,00
20	26,67	700	933,33
30	40,00	800	1066,67
40	53,33	900	1200,00
50	66,67	1000	1333,33

Die Angaben für 1 bis 30 Liter dienen nur für Zusammensetzungen, für Teilungsmarken bis einschließlich 30 Liter aufwärts beträgt die Fehlergrenze 40 Kubikzentimeter.

68. Ein Beispiel für die Ermittelung des Raumgehaltes einer aus einem Kubizierapparate abgelassenen Wassermenge bietet das Beispiel 2 in der Vorrede zu Tafel 3, ein Beispiel für die Prüfung eines Eichkolbens das Beispiel 2 in der Vorrede zu Tafel 1 und 2.

VI. Eichgebührenordnung.

Erster Abschnitt.

Allgemeine Bestimmungen.

1. Die in dem zweiten Abschnitt festgesetzten Eichgebühren werden für die Neueichung (Prüfung und Stempelung) in voller Höhe, für die Prüfung ohne Stempelung zur Hälfte erhoben.

2. Erweist sich ein Meßgerät schon bei der äußerlichen Besichtigung als unzulässig, so werden bei der Vorlegung an der Amtsstelle Gebühren nicht erhoben[26]), auch wenn ein vorhandener Stempel zu entwerten ist.

— —

4. .... Die Aufbringung der Inhalts- oder Gewichtsangabe auf Fässern erfolgt gebührenfrei.

5. Werden Neueichungen oder Prüfungen ohne Stempelung außerhalb der Amtsstelle vorgenommen, so sind Zuschläge zu den Gebühren zu entrichten, und zwar bei Gasmessern in Höhe von 5% der für die Neueichung nasser Gasmesser festgesetzten Gebühren, bei anderen Meßgeräten in Höhe von 20% der für ihre Neueichung geltenden Gebühren. Als Zuschlag ist mindestens der

Betrag von 5,00 ℳ für jeden angefangenen Tag und, wenn ein Beamter von mehreren Antragstellern beansprucht wird, auch von jedem einzelnen Antragsteller zu entrichten.

---

6. Kann außerhalb der Amtsstelle eine Neueichung oder Prüfung ohne Stempelung von dem in Anspruch genommenen Eichbeamten nicht ausgeführt werden, weil der vorgelegte Gegenstand sich schon bei der äußerlichen Besichtigung als unzulässig erweist, oder die in der Eichordnung vorgeschriebenen Vorbereitungen (Herrichtung und Reinigung des Meßgeräts, Bereitstellung von Eichmitteln und Arbeitshilfe) verabsäumt sind, oder dem Beteiligten sonst ein Verschulden zur Last fällt, so sind die Gebühren für Prüfung ohne Stempelung sowie Zuschläge nach Maßgabe der Nr. 5 in Ansatz zu bringen. Handelt es sich um mehrere Gegenstände, so sind Gebühren und Zuschläge nur für denjenigen Gegenstand zu berechnen, für welchen die höchsten Gebühren festgesetzt sind. Mindestens sind 5,00 ℳ zu berechnen.

7. Bei allen außerhalb der Amtsstelle stattfindenden Eichungen oder Prüfungen ohne Stempelung sowie in den Fällen der Nr. 6 tragen die Gebührenpflichtigen die aus der Hin- und Rückbeförderung der Normale und Prüfungsmittel entstehenden Kosten.

Auch tragen sie die Fuhrkosten für die Hin- und Rückreise der Eichbeamten auf dem Land- oder Wasserwege, wenn der Prüfungsort von der Amtsstelle oder von der für die Reise in Betracht kommenden nächsten Eisenbahnhalte- oder Schiffsanlegestelle mindestens 2 Kilometer entfernt ist.

8. Die Summe der berechneten Gebühren und Zuschläge ist nach oben auf volle 5 Pf. abzurunden.

9. Bei der den Landesregierungen zustehenden Festsetzung der Nacheichungsgebühren dürfen die vorstehend bestimmten Sätze nicht überschritten werden.

10. Werden neue Meßgeräte, auf welche die Bestimmungen des zweiten Abschnittes nicht anwendbar sind, von der Normal-Eichungskommission probeweise zur Eichung zugelassen, so ist diese Behörde ermächtigt, einstweilen die zu erhebenden Gebühren festzusetzen. Dabei sollen tunlichst die für ähnliche Meßgeräte geltenden Bestimmungen berücksichtigt werden.

Zweiter Abschnitt.

Eichgebühren.

III. Fässer.

a) Raumgehalts-Ermittelung.

Fässer von 110 Liter und weniger	0,20 ℳ
„ „ mehr als 110 Liter bis einschließlich 210 Liter	0,30 „
„ „ „ „ 210 „ „ „ 310 „	0,40 „
„ „ „ „ 310 „ „ „ 410 „	0,50 „
„ „ „ „ 410 „ „ „ 600 „	0,60 „
größere, für jede volle oder angefangene Stufe von 100 Liter	0,10 „

b) Tara-Ermittelung.

Für jedes Faß . . . . 0,30 *M*.

c) Erfolgt die Eichung oder Prüfung ohne Stempelung an der Amtsstelle, so wird für Arbeitshilfe und verwendetes Material eine weitere Gebühr in Höhe der Hälfte der nach a oder b sich ergebenden Gebühren erhoben.

d) Erweisen sich Fässer als undicht, so sind sie unter Erhebung der Gebühren für Prüfung ohne Stempelung zurückzugeben.

VII. Anlage B.

Tafel 1 und 2 zur Prüfung von Flüssigkeits- und Hohlmaßen durch Wägung ihrer Wasserfüllung.

Tafel 3 zur Ermittelung des in Liter auszudrückenden Raumgehalts von Gefäßen aus dem Gewicht ihrer Wasserfüllung in Kilogramm.

Tafel 1 und 2 zur Prüfung von Flüssigkeits- und Hohlmaßen durch Wägung ihrer Wasserfüllung.

Vor der Wägung sind die Gefäße sauber auszutrocknen, am besten mit einem weichen leinenen Tuche. Bei den Meßflaschen und den gläsernen Eichkolben werden die Wandungen mit Löschpapier oder mit feinem Musselinzeug oder dergleichen abgewischt, das mit einem umgebogenen Draht in das Innere eingeführt wird. Ergeben sich hierbei Schwierigkeiten, so kann das Austrocknen auch durch Ausspülen, erst mit Alkohol und dann mit Äther, bewirkt werden. Nur die Gefäße auf Ausguß, wie die Eichkolben für Faßkubizierapparate, werden nicht ausgetrocknet, sondern angenäßt. Die Gefäße werden zu diesem Zweck ganz mit Wasser gefüllt und dann in der Weise entleert, daß von dem Augenblick an, in dem das Wasser aufhört in zusammenhängendem Strahl auszufließen, bis zum Schließen des Ablaufhahns noch eine Zeit von 20 Sekunden gewartet wird (Instruktion III Nr. 13b letzter Absatz).

Die so vorbereiteten Maße setzt man auf die eine Schale einer Wage, nachdem die Randmaße (§ 34 Nr. 1, § 56 Nr. 1 der EO.) mit der erforderlichen Glasplatte bedeckt sind. Auf dieselbe Schale stellt man Gewichtsstücke, deren Gesamtgewicht in Kilogramm dem in Liter ausgedrückten Soll-Raumgehalt des Gefäßes entspricht. Hierauf bringt man die Wage durch Aufsetzen von Taramaterial auf die andere Schale zum Einspielen. Sodann wird das Maß mit den dazugesetzten Gewichtsstücken von der Schale abgehoben und mit destilliertem Wasser, dessen Wärme der des umgebenden Raumes möglichst nahe kommen soll, vorschriftsmäßig gefüllt. Nachdem es außen sorgfältig abgetrocknet ist, wird es wieder auf die leere Schale gesetzt. Da das Taramaterial unverändert geblieben ist, müßte unter der Voraussetzung, daß auch die Wage in der Zwischenzeit keinerlei Veränderungen erfahren hat, die Zunge wiederum einspielen, wenn

1. das Maß genau seinem Sollwert entspräche und genau die Temperatur 0° C. besäße, bei der es seinen richtigen Wert haben soll,
2. das Wasser sich im Zustande seiner größten Dichte (bei 4° C.) befände, bei der das Gewicht eines Liter ein Kilogramm beträgt,
3. das Gesamtvolumen der vorher aufgesetzten Gewichtsstücke genau gleich dem Volumen der Wasserfüllung wäre, so daß die Gewichte und die Wasserfüllung den gleichen Auftrieb durch die Luft erlitten.

Alle diese Bedingungen werden gleichzeitig niemals erfüllt sein; es wird daher stets eine Gewichtszulage erforderlich sein, um die Wage in ihre Einspielungsstellung zurückzuführen.

Zunächst wird das Maß in der Regel eine höhere Temperatur haben als die des schmelzenden Eises, und da es sich mit zunehmender Temperatur ausdehnt, so wird sein Raumgehalt größer sein, es wird mehr fassen, als seinem Sollwerte bei der Normaltemperatur entspricht. Um das Mehr an Wasser, das bei allen Temperaturen über 0° in das Maß hineingeht, wieder auszugleichen, muß daher eine Gewichtszulage auf der Taraseite der Wage erfolgen.

Auch das Wasser wird meist nicht die Temperatur von 4° C. haben, sondern wärmer sein. Da es über 4° C. sich gleichfalls mit steigender Temperatur ausdehnt, so wird die Wassermenge von 4° C., die das Maß genau ausgefüllt haben würde, bei höherer Temperatur einen größeren Raum einnehmen, und die Wassermenge, die bei dieser höheren Temperatur das Maß genau ausfüllt, wird daher weniger wiegen als die Wassermenge von 4° C., die es ausfüllen würde. Um diesen Gewichtsverlust auszugleichen, würde also eine Zulage auf der Seite der Wage erforderlich sein, auf der das Maß steht.

Hinsichtlich der letzten Bedingung ist zu bemerken, daß jeder Körper in der Luft einen Gewichtsverlust (Luftauftrieb) erleidet, der gleich dem Gewicht der von ihm verdrängten Luftmenge ist. Da nun ein Liter Wasser einen größeren Raum einnimmt als ein Kilogramm Eisen oder Messing, so wird das Wasser in der Luft einen stärkeren Gewichtsverlust haben als die Gewichte, die vorher seine Stelle einnahmen. Um diesen Unterschied, der von dem jeweiligen Zustande der Luft, also dem Barometerstande sowie der Wärme und dem Feuchtigkeitsgehalte der Luft abhängig ist, wieder auszugleichen, würde daher zu dem gefüllten Maße eine Zulage erforderlich sein.

Legt man die drei Zulagen, die eine auf der Taraseite, die beiden anderen auf der Seite des Maßes, auf die Schalen der Wage, so muß Gleichgewicht vorhanden sein, wenn das Maß richtig ist. Tritt kein Gleichgewicht ein, so ergibt die weitere Gewichtszulage, die erforderlich ist, um die Wage in ihre Einspielungslage zurückzuführen, unmittelbar den Fehler des Maßes in Gewichtsgrößen ausgedrückt. Gewicht und Raumgehalt können aber hier gleichgesetzt werden. Das Maß ist zu groß, wenn die letztere Zulage zu dem Taramaterial, es ist zu klein, wenn sie zu dem Maße hinzugelegt werden muß.

Da die Ausdehnung der Materialien, aus denen die Maße verfertigt sind, ferner die Dichte und Ausdehnung des Wassers und der Gewichtsmaterialien, endlich auch das Gewicht der Luft und seine Veränderungen mit den Änderungen des Luftdrucks, der Lufttemperatur und der Luftfeuchtigkeit bekannt sind, so wird man die verschiedenen Zulagen in jedem Falle leicht berechnen können, wenn man das Material des Maßes und seine Temperatur, die Temperatur des Füllwassers sowie Druck, Temperatur und Feuchtigkeit der Luft und endlich Material und Temperatur der Gewichte kennt. Das Material des Maßes und der Gewichte ist ohne weiteres ersichtlich, die Temperatur beider ist aber nicht leicht zu ermitteln. Man kann indessen annehmen, daß das Maß die Temperatur seines Füllwassers, jedes Gewicht die Temperatur der umgebenden Luft besitzt. Zur Ermittelung der Wassertemperatur bedient man sich eines in Fünftel- oder Zehntelgrade geteilten Thermometers. Dieses wird vor der Wägung so weit in das Wasser eingesenkt, daß sein Quecksilbergefäß etwa in der Mitte des Maßes sich befindet. Nachdem man das Thermometer einige Male im Wasser bewegt hat, wartet man so lange, bis sein Stand sich nicht mehr ändert, so daß man annehmen kann, daß das Maß und das Thermometer die Temperatur des Wassers angenommen haben, und liest die Temperatur ab. Bei der Ablesung darf das Thermometer aber nicht weiter aus der Flüssigkeit gehoben werden als unbedingt zur Ablesung erforderlich ist. Die Feststellung des Luftdrucks und der Lufttemperatur erfolgt mit einem Barometer und dem daran befindlichen oder einem anderen Thermometer. Für die Luftfeuchtigkeit genügt die Annahme eines mittleren Wertes.

Die Berechnung zeigt, daß die Zulage zum gefüllten Maße, welche das geringere Gewicht der Wasserfüllung ausgleicht, bei den hier vorkommenden Temperaturen stets größer ist als die Zulage auf der Taraseite, durch die der Vergrößerung des Maßes infolge der Wärmeausdehnung Rechnung getragen wird. Der Unterschied dieser beiden Zulagen ist daher stets auf der mit dem gefüllten Maße belasteten Seite der Wage zuzulegen.

In der Tafel I sind für die gebräuchlichsten Materialien der Gefäße und für die Temperaturen zwischen 9° und 23° des hundertteiligen Thermometers die Zulagen berechnet, die aus der Temperatur des Gefäßes und des Wassers sich ergeben. Die Tafel gibt unmittelbar die Differenz der beiden Zulagen. Zwischen 9° und 13° C. schreitet sie nach halben Graden, über 13° C. nach Fünftelgraden fort. Die Temperaturablesungen können daher, bevor man mit ihnen in die Tafel eingeht, wenn es sich um Verkehrsmaße oder Gebrauchsnormale handelt, abgerundet werden, und zwar in der Weise, daß bei Temperaturen, die 13° C. nicht überschreiten, die über die vollen und halben Grade überschießenden Werte von weniger als $^1/_4$ Grad nach unten, die von $^1/_4$ Grad und mehr nach oben abgerundet werden. Für die Temperaturen über 13° C. gilt das Entsprechende für die Werte von $^1/_{10}$ Grad. So würde also z. B. eine Ablesung von 10,68 auf 10,5 Grad, eine Ablesung von 11,79 auf 12 Grad, ferner eine Ablesung von 17,29 auf 17,2 und eine Ablesung von 22,71 auf 22,8 abzurunden sein. Bei den metallenen Eichkolben für Kubizierapparate rundet man die Temperaturen unter 13 C. besser auf Viertelgrade, darüber auf Zehntelgrade ab. Die Zulagen müssen dann durch Mittelung der umschließenden Werte ermittelt werden.

Tafel 2 gibt den Zuschlag für den Luftauftrieb, sie schreitet von 5 zu 5 Millimeter und von 2 zu 2 Grad fort. Die Ablesungen des Luftdrucks und der Lufttemperatur sind also entsprechend abzurunden.

Die Gewichtseinheit ist in beiden Tafeln das Gramm, die Zulagen sind bis auf Hundertstel des Gramm berechnet. Die beiden Tafeln berücksichtigen nur die Maßgröße 1 Liter, von der aber alle anderen Maßgrößen durch einfache Multiplikation und Versetzung des Kommas abgeleitet werden können, indem man sich zunächst die Worte für 2 und 5 Liter bildet und sodann bei dem Zehn- oder Hundertfachen dieser Maßgrößen (10, 20, 50, 100 Liter) das Komma um eine oder zwei Stellen nach rechts, bei dem zehnten oder hundertsten Teil (0,5, 0,2, 0,1, 0,05, 0,02, 0,01 Liter) das Komma um eine oder zwei Stellen nach links rückt.

Beispiel 1. Zur Prüfung liege ein Gebrauchsnormal für Flüssigkeitsmaße aus Kupfer von 1 Liter vor. Es soll der Fehler des Maßes bestimmt werden.

Nachdem das Maß innen und außen mit einem leinenen Tuche gut abgetrocknet ist, wird es mit der zugehörigen Glasplatte bedeckt und auf die eine Schale einer Wage gestellt. Dann wird ein Kilogrammstück dazugesetzt und die Wage durch Auflegen von Taramaterial auf der anderen Schale genau zum Einspielen gebracht. Nun wird das Maß mit Platte und Kilogrammstück abgehoben und mit Wasser gefüllt. Wenn es ziemlich voll ist, senkt man das Thermometer ein, rührt einige Male um, damit etwaige Schichtungen im Wasser durcheinander gebracht werden, und liest die Temperatur ab, sobald das Quecksilber zur Ruhe gekommen ist. Sie ergebe sich zu 17,13° C., also abgerundet zu 17,2° C. Nun wird das Maß bis zum Rande vollgegossen und die Glasplatte mit der genäßten matten Fläche vorsichtig aufgeschoben. Die Füllung ist vorschriftsmäßig, wenn unter der Platte keine Luftblase verbleibt. Erscheint eine solche, so füllt man nach Zurückziehen der Glasplatte am besten mit einer Pipette vorsichtig noch so lange Wasser in das Maß, bis nach wiederholter Aufschiebung der Glasplatte die Blase verschwunden ist (Instruktion II Nr. 5c). Nachdem das Maß und die Platte vorsichtig außen abgetrocknet ist, wird es wieder auf die Wage gestellt. Ein Aneroidbarometer zeige 752 mm bei 17,3° C., oder abgerundet 750 mm bei 17° C.

Zur Berechnung der Zulagen sucht man in Tafel 1 für 1 Liter die Spalte, welche die Überschrift Kupfer trägt, dann geht man in dieser Spalte nach unten bis zu der Zeile, an deren Anfang man die Temperaturangabe 17,2 findet. Da, wo die Spalte und die Zeile sich kreuzen, bemerkt man die Angabe 1,33. Zur Berücksichtigung der Temperatur des Maßes und des Wassers wäre also zu dem Maße eine Zulage von 1,33 g hinzuzufügen. Ähnlich findet man in der Tafel 2 als Zulage wegen Luftauftriebs 0,08 g. Insgesamt sind also 1,41 g zu dem Maße zu legen. Spielt die Wage nach Aufbringung dieser Zulage wieder ein, so ist das Maß genau richtig. Ist aber z. B. eine Zulage von 1,59 g auf der Seite des Maßes erforderlich, um die Wage in die Gleichgewichtslage zurückzuführen, so ist das Maß zu klein, und zwar um 1,59 — 1,41 = 0,18 g, entsprechend 0,18 ccm. Da die Fehlergrenze 1 ccm beträgt, so wäre es innerhalb der Fehlergrenze richtig. Wäre aber eine Zulage von z. B. 0,23 g auf der Taraseite erforderlich gewesen, so wäre das Maß zu groß und zwar um 1,41 + 0,23 = 1,64 ccm, und die Fehlergrenze wäre überschritten.

Beispiel 2. Es soll der Fehler eines Eichkolbens für Faßkubizierapparate von 100 Liter Raumgehalt festgestellt werden.

Bei Maßen dieser Größe pflegt man, schon mit Rücksicht auf die Kosten, im allgemeinen bei der Auswägung keine destilliertes, sondern ein beliebiges anderes, gerade zur Verfügung stehendes Wasser zu benutzen. Da aber die Tafeln nur für destilliertes Wasser gelten, so muß der Unterschied im Gewichte des verwendeten Wassers gegen destilliertes zuvor festgestellt werden. Das geschieht am besten durch Auswägung einer Probe des Wassers in einem Maße, dessen Fehler bekannt ist. Es möge das im ersten Beispiele genannte Litermaß hierbei verwendet werden. Mit Rücksicht auf den Zweck wird hier etwas genauer gerechnet werden können, erforderlich ist es allerdings nicht. Die Temperatur war 17,13° C., also auf Zehntelgrade abgerundet 17,1° C. Die Tafel 1 gibt bei 17,0° C. für Kupfer als Zulage 1,30, für 17,2° C. 1,33 g an. Die Zulage für 17,1 liegt dann zwischen beiden Werten, und zwar wird man annehmen 1,32 g, weil 17,13 näher an 17,2 als an 17,0 liegt. Hierzu kommen 0,08 g für den Luftauftrieb, so daß die vorschriftsmäßige Zulage auf der Maßseite 1,40 g beträgt. Die tatsächlich erforderliche Zulage betrage nach dem 1. Beispiel 1,59, das Maß ist also um 1,59 — 1,40 g = 0,19 g, entsprechend 0,19 ccm, zu klein, der Fehler ist also nur um 0,01 ccm anders als bei der abgekürzten Rechnung gefunden worden. Nachdem der Fehler festgestellt ist, wird das Litermaß wieder sauber innen und außen abgetrocknet und mit dem für die Prüfung des 100 l-Kolbens zu benutzenden Wasser vorschriftsmäßig gefüllt. Die Temperatur des Wassers betrage 17,43° C, abgerundet 17,4° C. Alsdann wird das außen abgetrocknete Maß wieder auf die Wage gestellt und es sei nun eine Zulage von 0,88 g zu ihm erforderlich, um Gleichgewicht herbeizuführen. Barometerstand und Lufttemperatur seien 753 mm bei 17,4° C., oder abgerundet 755 mm bei 17° C. Nach Tafel 1 und 2 wäre zu einem kupfernen, mit destilliertem Wasser gefüllten Litermaß eine Zulage erforderlich gewesen:

für die beobachtete Temperatur des Maßes und des Füllwassers (Tafel 1) von . . . . 1,36 g
für den Luftauftrieb (Tafel 2) von . . . . 0,09 g
zusammen 1,45 g.

Tatsächlich betrug sie . . . . 0,88 g
Nun ist das Maß um 0,19 ccm zu klein, für ein richtiges Litermaß hätte sie also geringer sein müssen um . . . . 0,19 g

Sie würde also für ein richtiges Litermaß betragen haben 0,88 — 0,19 = 0,69 g
also ist 1 l des benutzten Wassers schwerer um 1,45 g — 0,69 g = . . 0,76 g.

Nach diesen Vorbereitungen wird der 100 l-Kolben vollständig gefüllt und wieder entleert. Sobald das Wasser aufhört in zusammenhängendem Strahl zu fließen, wartet man noch 20 Sekunden und schließt hiernach den Ablaßhahn. Der Kolben muß außen sauber abgetrocknet sein. Dann wird er

(Forts. siehe S. 50.)

1 Liter.

Tafel 1.

Temperatur des Füllwassers Grade C.	Aluminium	Eisen	Kupfer	Messing	Nickel	Zinn	Glas
	Zulage in Gramm						
9,0	0,54	0,84	0,70	0,65	0,81	0,49	0,92
5	54	86	72	66	83	49	94
10,0	0,55	0,88	0,73	0,67	0,85	0,49	0,97
5	57	92	75	69	88	50	1,01
11,0	58	94	78	71	91	51	04
5	60	98	80	74	94	53	08
12,0	62	1,01	83	76	98	55	12
5	64	05	87	79	1,02	57	17
13,0	0,67	1,10	0,90	0,83	1,06	0,59	1,22
2	68	12	92	84	08	60	24
4	69	14	94	86	10	61	26
6	71	16	95	87	11	63	28
8	72	18	97	89	13	64	30
14,0	0,73	1,20	0,99	0,90	1,15	0,65	1,32
2	75	22	1,00	92	17	66	34
4	76	24	02	94	19	68	37
6	78	26	04	95	22	69	39
8	79	28	06	97	24	71	42
15,0	0,81	1,31	1,08	0,99	1,26	0,72	1,44
2	83	33	10	1,02	28	74	47
4	84	35	12	03	31	75	49
6	86	38	14	05	33	77	52
8	88	40	16	07	35	79	54
16,0	0,90	1,43	1,19	1,09	1,38	0,80	1,57
2	92	45	21	11	40	82	60
4	94	48	23	13	43	84	63
6	96	50	26	15	46	86	65
8	98	53	28	18	48	88	68
17,0	1,00	1,56	1,30	1,20	1,51	0,90	1,71
2	02	59	33	23	54	92	74
4	04	62	36	25	56	94	77
6	06	64	38	28	59	96	80
8	09	67	41	30	62	98	83
18,0	1,11	1,70	1,43	1,33	1,65	1,00	1,86
2	13	73	46	35	68	03	90
4	16	76	49	38	72	05	93
6	18	79	52	41	74	07	96
8	21	83	54	43	77	10	2,00
19,0	1,23	1,86	1,57	1,46	1,80	1,12	2,03
2	26	89	60	49	83	14	06
4	29	92	63	52	87	17	10
6	31	96	66	55	90	19	13
8	34	99	69	58	93	22	17

1 Liter.

Tafel 1.

Temperatur des Füllwassers Grade C.	Aluminium	Eisen	Kupfer	Messing	Nickel	Zinn	Glas
	Zulage in Gramm						
20,0	1,37	2,02	1,72	1,61	1,96	1,25	2,20
2	39	06	76	64	2,00	27	24
4	42	09	79	67	03	30	28
6	45	13	82	70	07	33	31
8	48	17	85	73	10	36	35
21,0	1,51	2,20	1,89	1,76	2,14	1,38	2,39
2	54	24	92	79	17	41	43
4	57	28	95	83	21	44	47
6	60	31	99	86	25	47	51
8	63	35	2,02	89	29	50	55
22,0	1,67	2,39	2,06	1,93	2,32	1,53	2,59
2	70	43	09	96	36	56	63
4	73	47	13	2,00	40	60	67
6	76	51	17	03	44	63	71
8	80	55	20	07	48	66	75
23,0	1,83	2,59	2,24	2,10	2,52	1,69	2,79

Tafel 2.

Luftdruck in Millimeter	9°	11°	13°	15°	17°	19°	21°	23°
	Zulage in Gramm							
700	0,04	0,03	0,02	0,02	0,01	0,00		
05	05	04	03	02	02	01	0,00	
710	0,05	0,05	0,04	0,03	0,02	0,02	0,01	0,00
15	06	05	05	04	03	02	02	01
720	0,07	0,06	0,05	0,05	0,04	0,03	0,02	0,02
25	08	07	06	05	05	04	03	02
730	0,08	0,07	0,07	0,06	0,05	0,04	0,04	0,03
35	09	08	07	07	06	05	04	04
740	0,10	0,09	0,08	0,07	0,07	0,06	0,05	0,04
45	10	10	09	08	07	06	06	05
750	0,11	0,10	0,10	0,09	0,08	0,07	0,06	0,06
55	12	11	10	09	09	08	07	06
760	0,13	0,12	0,11	0,10	0,09	0,09	0,08	0,07
65	13	13	12	11	10	09	09	08
770	0,14	0,13	0,12	0,12	0,11	0,10	0,09	0,09
75	15	14	13	12	11	11	10	09
780	0,16	0,15	0,14	0,13	0,12	0,11	0,11	0,10

zusammen mit 100 Kilogramm in Normal-Gewichtsstücken auf die eine Schale der Wage gebracht und auf der anderen Schale durch Taramaterial genau austariert, bis die Wage einspielt. Nun wird er wieder abgenommen — ebenso wie auch die Normal-Gewichtsstücke — und bis zu dem Normalstrich am Glasrohre gefüllt. Bevor die Füllung vollständig ist, läßt man von dem Füllwasser in das Litermaß oder ein anderes Gefäß einen Teil ablaufen und stellt dessen Temperatur fest. Oder man läßt ein dünnes Thermometer an einem Faden durch das Glasrohr in den ganz gefüllten Kolben, zieht es dann heraus in das Glasrohr, doch so, daß mindestens sein Gefäß noch von Wasser umgeben bleibt, und macht nun die Ablesung. Die Temperatur des Füllwassers sei jetzt 17,92° C., abgerundet 18,0° C., der Barometerstand 754 mm bei 17,6° C., oder abgerundet 755 mm bei 17° C. Hierauf werden etwa im Wasser vorhandene oder an den Wandungen haftende Luftblasen durch Beklopfen und Neigen des Kolbens nach Möglichkeit herausgetrieben. Zu dem wieder auf dieselbe Wageschale wie vorher gestellten Kolben sei jetzt eine Zulage von 118 g erforderlich, um das Gleichgewicht mit dem unverändert gebliebenen Taramaterial wiederherzustellen. Wäre der Kolben richtig und mit destilliertem Wasser gefüllt, so wäre eine Zulage im hundertfachen Betrage der in den Tafeln 1 und 2 für 1 Liter angegebenen Werte erforderlich. Der Eichkolben bestehe aus Eisen. Nun findet man in der Tafel 1 unter Eisen bei 18,0° den Wert 1,70 g, folglich ist

die Zulage für die Temperatur des Kolbens und des Füllwassers . . . . 170 g
ferner ergibt sich aus Tafel 2 bei 755 mm und 17° C für den Luftauftrieb 9 g

zusammen . . . . 179 g.

Die tatsächliche Zulage betrug . . . . 118 g.
Nun ist aber das benutzte Wasser für jedes Liter um 0,76 g schwerer als destilliertes Wasser, wäre also destilliertes Wasser benutzt, so hätten zu den 100 l mehr zugelegt werden müssen . . . . 76 g.

Die Zulage für destilliertes Wasser wäre also gewesen 118 g + 76 g = . 194 g.
Die Zulage eines richtigen 100 l-Kolbens aus Eisen muß sein . . . . . 179 g,
also ist die wirkliche Zulage für destilliertes Wasser zu klein um 179 g — 194 g = 15 g, der Kolben ist um 15 ccm zu klein. Die Fehlergrenze beträgt 40 ccm, der Kolben ist also innerhalb der Grenze richtig.

Bei der Ungenauigkeit, mit der sich der Zeitpunkt feststellen läßt, in welchem das Wasser aufhört in zusammenhängendem Strahl zu fließen, fallen die Benetzungsrückstände oft um mehrere Gramm verschieden aus. Wägungen von Eichkolben sind daher immer mindestens zweimal auszuführen.

In den beiden vorangehenden Beispielen ist vorausgesetzt, daß der Inhalt der auszuwägenden Gefäße angegeben ist. Die Tafeln sind eigentlich nur für diesen Zweck bestimmt, man kann sie aber auch dann benutzen, wenn der Raumgehalt eines Gefäßes durch die Auswägung erst festgestellt werden soll.

Beispiel 3. Von einem Faß aus Eisen, dessen Raumgehalt nicht bekannt ist, soll der Literinhalt festgestellt werden.

In diesem Falle verfährt man umgekehrt wie in den Beispielen 1 und 2. Man setzt zuerst das vorschriftsmäßig mit Wasser gefüllte und außen sauber abgetrocknete Faß auf die eine Schale der Wage und tariert es aus, bis die Wage einspielt. Dann hebt man es von der Schale, entleert es vorschriftsmäßig und bringt es, nachdem es außen sauber abgetrocknet ist, wiederum auf dieselbe Schale. Um das Gleichgewicht wiederherzustellen, fügt man zu dem leeren Faß als Ersatz des Wassers Normalgewichte hinzu. Erforderlich seien zu diesem Zwecke 84,423 kg. Benutzt sei Brunnenwasser zur Füllung und dieses habe eine Temperatur von 15° C. (abgerundet); 1 l dieses Wassers sei um 0,82 g schwerer als 1 l destillierten Wassers (ermittelt wie beim Beispiel 2). Der abgerundete Barometerstand betrage 740 mm, die Lufttemperatur abgerundet gleichfalls 15° C.

Hätte das Faß genau 100 l Inhalt, und hätte man daher vor der Füllung (wie beim Beispiel 2) 100 kg in Normal-Gewichtsstücken hinzufügen müssen, so wären zu dem mit destilliertem Wasser gefüllten noch die folgenden Zulagen erforderlich gewesen:

nach Tafel 1 als Zulage wegen der Temperatur des eisernen Fasses und des Füllwassers . . . . 131 g
nach Tafel 2 als Zulage wegen des Luftauftriebs . . . . . . 7 g
also zusammen 138 g.

Da aber von dem benutzten Wasser 100 l um 82 g schwerer sind als von destilliertem Wasser, so wäre eine um soviel geringere Zulage nötig gewesen. Das Füllwasser eines genau richtigen eisernen Fasses zu 100 l ist demnach unter den gegebenen Verhältnissen um 138 — 82 = 56 g leichter als 100 kg, so daß sein Gewicht 99,944 kg beträgt. Wenn aber 99,944 kg einem Raumgehalte von 100 l entsprechen, so entsprechen 84,423 kg einem Raumgehalte von

$$\frac{84{,}423}{99{,}944} \times 100 = 84{,}47 \text{ l}.$$

Das ausgewogene Faß aus Eisen hat demnach einen Raumgehalt von 84,47 l.

VIII. Tafel 3

zur Ermittelung des in Liter auszudrückenden Raumgehalts von Gefäßen aus dem Gewicht ihrer Wasserfüllung in Kilogramm.

Tafel 3 ist in erster Linie dazu bestimmt, die Berechnung des Raumgehalts in Liter aus dem in Kilogramm ausgedrückten Gewichte der Wasserfüllung für solche größere Gefäße zu vermitteln, die bei ihrer Bestimmung noch nicht mit einer Raumgehaltsangabe versehen sind, und bei denen in Anbetracht der weiteren Fehlergrenzen eine Berücksichtigung der Ausdehnung des Gefäßmaterials mit der Temperarur nicht erforderlich ist, wie z. B. bei hölzernen Fässern. Es kommen also nur die beiden Zuschläge unter 2 und 3 in Frage, die bei Tafel 1 und 2 behandelt sind.

Tafel 3 gibt diese beiden Zuschläge zu einem Werte vereinigt. Dabei ist der Barometerstand zu 760 Millimeter, die Lufttemperatur gleich der Temperatur der Wasserfüllung genommen und für die Feuchtigkeit der Luft ein mittlerer Wert gesetzt. In der obersten Zeile sind die Temperaturen von 0° bis 23° C. angegeben, in der ersten Spalte die Kilogramm von 0 bis 1000 kg. Da, wo eine Spalte und eine Zeile sich kreuzen, findet man den Zuschlag in Liter, der bei der darüberstehenden Temperatur zu der am Anfang stehenden Kilogrammzahl gemacht werden muß, wenn man aus dem Gewichte der Wasserfüllung in Kilogramm den Raumgehalt eines Gefäßes in Liter finden will. Bis zu 20 kg sind die Zuschläge auf Tausendstel, bis 200 kg auf Hundertstel und darüber auf Zehntel des Liter angeführt. Die Tafel schreitet durchweg nach ganzen Graden vorwärts, ferner nach ganzen Kilogramm bis zu 100 kg, dann von 5 zu 5 kg bis zu 200 kg und von da ab von 20 zu 20 kg. Das Gewicht des Füllwassers ist daher, bevor man mit der Kilogrammzahl in die Tafel eingeht, entsprechend abzurunden, indem man zwischen 100 und 200 kg die über eine durch 5 teilbare Zahl überschießenden Werte unter $2^1/_2$ kg unbeachtet läßt, solche von $2^1/_2$ kg und mehr auf die nächste durch 5 teilbare Zahl erhöht. So ist z. B. 126,3 kg auf 125 kg, 128,5 auf 130 kg abzurunden. Über 200 kg sind Werte, die über 0, 20, 40, 60, 80 kg um weniger als 10 kg überschießen, zu vernachlässigen, solche von 10 kg und mehr auf die nächst höhere durch 20 teilbare Zahl zu erhöhen. So ist z. B. 248 auf 240 kg, dagegen 254 auf 260 kg abzurunden.

Bei den Temperaturen sind Werte unter 0,5° zu vernachlässigen, Werte von 0,5 und mehr auf den nächsten vollen Grad zu erhöhen. So ist z. B. 17,1° auf 17°, dagegen 17,5° auf 18° abzurunden.

Zur Ausführung der Raumgehaltsermittelung bringt man das mit Wasser gefüllte Gefäß auf die eine Seite einer Wage, nachdem man es außen gut abgetrocknet hat. Dann bringt man, wenn es sich, wie bei den Fässern, um weniger genaue Wägungen handelt, auf die andere Seite der Wage Normalgewichte, bis das Gleichgewicht wiederhergestellt ist. Um die Temperatur des Füllwassers zu bestimmen, senkt man ein Thermometer in das Gefäß, möglichst bis zu dessen Mitte, und bewegt es einige Male hin und her. Wenn bei mehrmaligem Wiederherausziehen die Temperatur sich nicht mehr ändert, liest man das Thermometer ab, wobei es so zu halten ist, daß mindestens sein Gefäß noch vom Wasser umgeben ist. Hierauf wird das Gefäß entleert, außen gut abgetrocknet und wieder auf die Wage gesetzt. Jetzt wird auf der anderen Seite der Wage eine kleinere Menge von Normalgewichten erforderlich sein, um das Gleichgewicht wiederherzustellen. Die erste Wägung ergibt das Bruttogewicht des Gefäßes, die zweite seine Tara. Zieht man die Tara von dem Bruttogewicht ab, so erhält man das Nettogewicht des Inhalts, in diesem Falle also das Gewicht des Füllwassers. Mit diesem Gewicht und der Temperatur hat man in Tafel 3 einzugehen.

Handelt es sich um genauere Wägungen, so setzt man das gefüllte Gefäß auf die Brücke und tariert es auf der Gewichtsschale aus. Nach der Entleerung ersetzt man bei unveränderter Tara die Wasserfüllung durch Normalgewichte, die zu dem leeren Gefäß auf die Brücke gestellt werden, bis wieder Gleichgewicht hergestellt ist. Die Normalgewichte ergeben dann unmittelbar in Kilogramm das Gewicht des Wassers, das vorher in dem Gefäße gewesen war.

Die Tafel 3 ist berechnet unter der Voraussetzung, daß bei der Auswägung destilliertes Wasser verwendet wird. Das wird, wenigstens bei größeren Gefäßen, in der Regel nicht der Fall sein. Innerhalb der Genauigkeiten, welche mit der Tafel erreicht werden sollen, wird man Leitungswasser, Teichwasser und auch Flußwasser gleichfalls als destilliertes Wasser ansehen können. Wird das dichtere Brunnenwasser zur Füllung benutzt, so wird man in den meisten Fällen, bei der Bestimmung von Fässern jedenfalls immer, eine genügende Verbesserung dadurch erreichen, daß man von dem mit Hilfe der Tafel 3 berechneten Raumgehalt noch den tausendsten Teil seines Wertes abzieht.

Will man eine größere Genauigkeit erreichen, so muß man die Dichte des benutzten Wassers besonders bestimmen, indem man zwei gleich große Mengen des Brunnenwassers und des destillierten Wassers miteinander vergleicht. Wenn beide Wasserarten dieselbe Temperatur haben, so läßt sich diese Bestimmung sehr leicht ausführen. Man nimmt ein Litermaß, am besten ein Gebrauchsnormal für Flüssigkeitsmaße, trocknet es innen und außen sorgfältig ab und füllt es zunächst mit dem zu verwendenden Brunnenwasser, wobei besonders eigen darauf zu achten ist, daß an den Wandungen des Maßes und unter der aufgeschobenen Glasplatte keine Luftblasen verbleiben. Etwa vorhandene Blasen entfernt man von den Metallwandungen mit einem Drahte, unter der Glasplatte durch vorsichtiges Nachfüllen von Wasser mit einer Pipette. Die Platte ist so lange zurück- und wieder aufzuschieben, bis sich keine Blase mehr zeigt. Dann wischt man das Maß außen ab und setzt es auf die eine Schale einer Wage. Auf die andere Schale wird so lange Tariermaterial gebracht, bis die Wage wieder einspielt. Ist dies der Fall, so hebt man das Maß ab, entleert es, trocknet es sauber innen und außen ab und füllt es unter den gleichen Vorsichtsmaßregeln mit destilliertem Wasser. Setzt man das außen abgetrocknete Maß auf dieselbe Schale der Wage wie vorher, so gibt die Zulage, die zu ihm gemacht werden muß, um das Gleichgewicht wiederherzustellen, unmittelbar an, um wieviel das Brunnenwasser schwerer ist als das destillierte Wasser.

Weichen die Temperaturen der beiden Wasserarten um mehr als 0,5° voneinander ab, so muß man zur Bestimmung der Dichte des Brunnenwassers zu dem umständlicheren, in der Einleitung zu den Tafeln 1 und 2 geschilderten Verfahren greifen.

Beispiel 1. Der Raumgehalt eines hölzernen Fasses soll durch Auswägung seines Füllwassers bestimmt werden.

Die Wägung darf nur dann vorgenommen werden, wenn das Faß außen nicht ungewöhnlich naß ist (Instruktion III Nr. 3d). Nachdem das Faß spundvoll, d. h. bis zu dem unteren Rande des Spundes oder der Füllöffnung (§ 49 Nr. 2 der EO.) mit Leitungswasser gefüllt ist, trocknet man es außen ab und bringt es auf die Brücke einer geeigneten Dezimalbrückenwage (Instruktion III Nr. 14 d). Zur Herstellung des Gleichgewichts seien auf der Gewichtsschale 231,9 kg aufzusetzen. Ein in das Faß eingesenktes Thermometer zeige eine Temperatur von 15,7° C. Nun wird das Faß entleert, außen abgetrocknet und wieder auf die Brücke gebracht. Das Gewicht des leeren Fasses betrage 49,6 kg. Das Gewicht des Füllwassers ist also 231,9 — 49,6 = 182,3 kg. Dann ist in die Tafel einzugehen mit dem abgerundeten Gewicht 180 kg und der abgerundeten Temperatur 16° C. Schreitet man in der Zeile, an deren Anfang 180 kg steht, vorwärts bis zu der Spalte, über der 16° angegeben ist, so findet man an der Kreuzungsstelle die Zahl 0,37. Entsprechend der Überschrift der Tafel 3 sind also zu 182,3 noch 0,37 l hinzuzufügen, und der Raumgehalt des Fasses beträgt:

$$182{,}3 + 0{,}37 = 182{,}67\ \text{l}.$$

Wäre an Stelle von Leitungswasser Brunnenwasser benutzt worden, so wäre von dem ermittelten Werte noch ein Tausendstel seines Betrages, also 0,18267 l, abgerundet 0,18 l abzuziehen. Man erhielte in diesem Falle als Raumgehalt des Fasses:

$$182{,}67 - 0{,}18 = 182{,}49\ \text{l}.$$

Beispiel 2. Der Inhalt eines größeren Gefäßes soll durch Auswägen mit Wasser nach dem genaueren Verfahren festgestellt werden.

Man setzt das vorschriftsmäßig gefüllte und außen gut abgetrocknete Gefäß auf die Brücke einer Dezimalbrückenwage und tariert es genau aus. Nachdem man es entleert hat, führt man die Wage durch auf die Brücke zum Gefäße gestellte Normalgewichte in ihre Gleichgewichtslage zurück. Die Normalgewichte ergeben dann unmittelbar in Kilogramm das Gewicht des Füllwassers. Die Berechnung ist die gleiche wie bei der Raumgehaltsermittelung eines Fasses.

Für die Prüfung stehe nur Wasser von unbekannter Dichte zur Verfügung, so daß also diese Dichte erst ermittelt werden muß. Um die Ermittlung nach dem einfacheren Verfahren ausführen zu können, füllt man das Gefäß 2 bis 3 Stunden vorher und bringt zu gleicher Zeit in denselben Raum ein Gefäß mit etwa 2 Liter destillierten Wassers, das man durch einen Deckel vor Verstaubung schützt. Unmittelbar vor Beginn der Prüfung läßt man in das Normalmaß ein Liter Wasser aus dem zu bestimmenden Gefäß ab. Seine Temperatur betrage 19,2° C. Die Temperatur des destillierten Wassers ergebe sich gleichzeitig zu 19,4°C. Das einfachere Verfahren ist zulässig. Man füllt also das Litermaß, wie oben beschrieben, erst vollständig mit dem unbekannten Wasser, dann mit destilliertem Wasser. Zu letzterem sei eine Zulage von 1,12 g erforderlich.

Nun füllt man das zu prüfende Gefäß vorschriftsmäßig voll und tariert es aus. Dann entleert man es, nachdem man der Sicherheit wegen nochmals die Temperatur des Füllwassers bestimmt hat. Diese ergab sich abermals zu 19,2° C. Zu dem leeren Gefäße sei zur Wiederherstellung des Gleichgewichts die Hinzufügung von 499,8 kg erforderlich. Das Füllwasser wiegt also 499,8 kg.

In Tafel 3 findet man als Zuschlag für 500 kg bei 19° C. 1,3 l angegeben. Wäre destilliertes Wasser benutzt, so wäre also der Raumgehalt des Gefäßes:

$$499{,}8 + 1{,}3 = 501{,}1\ \text{l}.$$

Nun ist aber das benutzte Wasser für 1 l um 1,12 g schwerer als destilliertes Wasser, also für 499,8 l um 499,8 × 1,12 = 560 g oder rund 0,6 kg. Die gefundene Zahl ist daher noch um diesen Betrag zu vermindern, und als wirklichen Raumgehalt des vorliegenden Gefäßes erhält man:

$$501{,}1 - 0{,}6 = 500{,}5\ \text{l}.$$

Tafel 3.

Kilogramm	0°	1°	2°	3°	4°	5°	6°	7°	8°	9°	10°	11°
	Zuschlag zu nebenstehenden Kilogramm in Liter											
1	0,001	0,001	0,001	0,001	0,001	0,001	0,001	0,001	0,001	0,001	0,001	0,001
2	2	2	2	2	2	2	2	2	2	2	3	3
3	3	3	3	3	3	3	3	3	3	4	4	4
4	5	4	4	4	4	4	4	4	5	5	5	6
5	6	6	5	5	5	5	5	5	6	6	7	7
6	7	7	6	6	6	6	6	7	7	7	8	8
7	8	8	7	7	7	7	7	8	8	9	9	10
8	9	9	8	8	8	8	8	9	9	10	10	11
9	10	10	10	9	9	9	10	10	10	11	12	13
10	0,012	0,011	0,011	0,010	0,010	0,010	0,011	0,011	0,012	0,012	0,013	0,014
11	13	12	12	11	11	11	12	12	13	13	14	15
12	14	13	13	12	12	12	13	13	14	15	16	17
13	15	14	14	13	13	13	14	14	15	16	17	18
14	16	15	15	15	14	15	15	15	16	17	18	20
15	17	17	16	16	15	16	16	16	17	18	20	21
16	19	18	17	17	16	17	17	18	18	20	21	22
17	20	19	18	18	17	18	18	19	20	21	22	24
18	21	20	19	19	19	19	19	20	21	22	23	25
19	22	21	20	20	20	20	20	21	22	23	25	27
20	0,02	0,02	0,02	0,02	0,02	0,02	0,02	0,02	0,02	0,02	0,03	0,03
21	2	2	2	2	2	2	2	2	2	3	3	3
22	3	2	2	2	2	2	2	2	3	3	3	3
23	3	3	2	2	2	2	2	3	3	3	3	3
24	3	3	3	2	2	2	3	3	3	3	3	3
25	3	3	3	3	3	3	3	3	3	3	3	3
26	3	3	3	3	3	3	3	3	3	3	3	4
27	3	3	3	3	3	3	3	3	3	3	4	4
28	3	3	3	3	3	3	3	3	3	3	4	4
29	3	3	3	3	3	3	3	3	3	4	4	4
30	0,03	0,03	0,03	0,03	0,03	0,03	0,03	0,03	0,03	0,04	0,04	0,04
31	4	3	3	3	3	3	3	3	4	4	4	4
32	4	4	3	3	3	3	3	4	4	4	4	4
33	4	4	3	3	3	3	3	4	4	4	4	5
34	4	4	4	4	3	4	4	4	4	4	4	5
35	4	4	4	4	4	4	4	4	4	4	5	5
36	4	4	4	4	4	4	4	4	4	4	5	5
37	4	4	4	4	4	4	4	4	4	5	5	5
38	4	4	4	4	4	4	4	4	4	5	5	5
39	5	4	4	4	4	4	4	4	4	5	5	5
40	0,05	0,04	0,04	0,04	0,04	0,04	0,04	0,04	0,05	0,05	0,05	0,06

Tafel 3.

Kilogramm	12°	13°	14°	15°	16°	17°	18°	19°	20°	21°	22°	23°
	Zuschlag zu nebenstehenden Kilogramm in Liter											
1	0,002	0,002	0,002	0,002	0,002	0,002	0,002	0,003	0,003	0,003	0,003	0,003
2	3	3	4	4	4	4	5	5	6	6	6	7
3	5	5	5	6	6	7	7	8	8	9	10	10
4	6	6	7	8	8	9	10	10	11	12	13	14
5	8	8	9	10	10	11	12	13	14	15	16	17
6	9	10	11	11	12	13	14	16	17	18	19	21
7	11	11	12	13	14	16	17	18	20	21	23	24
8	12	13	14	15	16	18	19	21	22	24	26	28
9	14	15	16	17	19	20	22	23	25	27	29	31
10	0,015	0,016	0,018	0,019	0,021	0,022	0,024	0,026	0,028	0,030	0,032	0,035
11	17	18	19	21	23	25	26	29	31	33	36	38
12	18	19	21	23	25	27	29	31	34	36	39	42
13	20	21	23	25	27	29	31	34	36	39	42	45
14	21	23	25	27	29	31	34	36	39	42	45	49
15	23	24	26	29	31	33	36	39	42	45	49	52
16	24	26	28	30	33	36	39	42	45	48	52	56
17	26	28	30	32	35	38	41	44	48	51	55	59
18	27	29	32	34	37	40	43	47	50	54	58	62
19	29	31	33	36	39	42	46	49	53	57	61	66
20	0,03	0,03	0,04	0,04	0,04	0,04	0,05	0,05	0,06	0,06	0,06	0,07
21	3	3	4	4	4	5	5	5	6	6	7	7
22	3	4	4	4	5	5	5	6	6	7	7	8
23	3	4	4	4	5	5	6	6	6	7	7	8
24	4	4	4	5	5	5	6	6	7	7	8	8
25	4	4	4	5	5	6	6	6	7	8	8	9
26	4	4	5	5	5	6	6	7	7	8	8	9
27	4	4	5	5	6	6	7	7	8	8	9	9
28	4	5	5	5	6	6	7	7	8	8	9	10
29	4	5	5	6	6	6	7	8	8	9	9	10
30	0,05	0,05	0,05	0,06	0,06	0,07	0,07	0,08	0,08	0,09	0,10	0,10
31	5	5	5	6	6	7	7	8	9	9	10	11
32	5	5	6	6	7	7	8	8	9	10	10	11
33	5	5	6	6	7	7	8	9	9	10	11	11
34	5	6	6	6	7	8	8	9	10	10	11	12
35	5	6	6	7	7	8	8	9	10	11	11	12
36	5	6	6	7	7	8	9	9	10	11	12	12
37	6	6	7	7	8	8	9	10	10	11	12	13
38	6	6	7	7	8	8	9	10	11	11	12	13
39	6	6	7	7	8	9	9	10	11	12	13	14
40	0,06	0,06	0,07	0,08	0,08	0,09	0,10	0,10	0,11	0,12	0,13	0,14

Tafel 3.

Kilogramm	0°	1°	2°	3°	4°	5°	6°	7°	8°	9°	10°	11°
	Zuschlag zu nebenstehenden Kilogramm in Liter											
41	0,05	0,05	0,04	0,04	0,04	0,04	0,04	0,05	0,05	0,05	0,05	0,06
42	5	5	4	4	4	6	4	5	5	5	5	6
43	5	5	5	4	4	6	5	5	5	5	5	6
44	5	5	5	5	5	5	5	5	5	5	6	6
45	5	5	5	5	5	5	5	5	5	5	6	6
46	5	5	5	5	5	5	5	5	5	6	6	6
47	5	5	5	5	5	5	5	5	5	6	6	7
48	6	5	5	5	5	5	5	5	6	6	6	7
49	6	5	5	5	5	5	5	5	6	6	6	7
50	0,06	6,06	0,05	0,05	0,05	0,05	0,05	0,05	0,06	0,06	0,07	0,07
51	6	6	5	5	5	5	5	6	6	6	7	7
52	6	6	6	5	5	5	6	6	6	6	7	7
53	6	6	6	5	5	5	6	6	6	6	7	7
54	6	6	6	6	6	6	6	6	6	7	7	8
55	6	6	6	6	6	6	6	6	6	7	7	8
56	7	6	6	6	6	6	6	6	6	7	7	8
57	7	6	6	6	6	6	6	6	7	7	7	8
58	7	6	6	6	6	6	6	6	7	7	8	8
59	7	7	6	6	6	6	6	6	7	7	8	8
60	0,07	0,07	0,06	0,06	0,06	0,06	0,06	0,07	0,07	0,07	0,08	0,08
61	7	7	6	6	6	6	6	7	7	7	8	9
62	7	7	7	6	6	6	7	7	7	8	8	9
63	7	7	7	7	6	7	7	7	7	8	8	9
64	7	7	7	7	7	7	7	7	7	8	8	9
65	8	7	7	7	7	7	7	7	7	8	8	9
66	8	7	7	7	7	7	7	7	8	8	9	9
67	8	7	7	7	7	7	7	7	8	8	9	9
68	8	7	7	7	7	7	7	7	8	8	9	9
69	8	8	7	7	7	7	7	8	8	8	9	10
70	0,08	0,08	0,07	0,07	0,07	0,07	0,07	0,08	0,08	0,09	0,09	0,10
71	8	8	8	7	7	7	8	8	8	9	9	10
72	8	8	8	7	7	7	8	8	8	9	9	10
73	8	8	8	8	8	8	8	8	8	9	10	10
74	9	8	8	8	8	8	8	8	9	9	10	10
75	9	8	8	8	8	8	8	8	9	9	10	10
76	9	8	8	8	8	8	8	8	9	9	10	11
77	9	8	8	8	8	8	8	8	9	9	10	11
78	9	9	8	8	8	8	8	9	9	10	10	11
79	9	9	8	8	8	8	8	9	9	10	10	11
80	0,09	0,09	0,08	0,08	0,08	0,08	0,08	0,09	0,09	0,10	0,10	0,11

Tafel 3.

Kilogramm	12°	13°	14°	15°	16°	17°	18°	19°	20°	21°	22°	23°
	Zuschlag zu nebenstehenden Kilogramm in Liter											
41	0,06	0,07	0,07	0,08	0,08	0,09	0,10	0,11	0,11	0,12	0,13	0,14
42	6	7	7	8	9	9	10	11	12	13	14	15
43	6	7	8	8	9	10	10	11	12	13	14	15
44	7	7	8	8	9	10	11	11	12	13	14	15
45	7	7	8	9	9	10	11	12	13	14	15	16
46	7	7	8	9	9	10	11	12	13	14	15	16
47	7	8	8	9	10	10	11	12	13	14	15	16
48	7	8	8	9	10	11	12	12	13	14	16	17
49	7	8	9	9	10	11	12	13	14	15	16	17
50	0,08	0,08	0,09	0,10	0,10	0,11	0,12	0,13	0,14	0,15	0,16	0,17
51	8	8	9	10	11	11	12	13	14	15	17	18
52	8	8	9	10	11	12	13	14	15	16	17	18
53	8	9	9	10	11	12	13	14	15	16	17	18
54	8	9	9	10	11	12	13	14	15	16	17	19
55	8	9	10	10	11	12	13	14	15	17	18	19
56	8	9	10	11	12	12	13	15	16	17	18	19
57	9	9	10	11	12	13	14	15	16	17	18	20
58	9	9	10	11	12	13	14	15	16	17	19	20
59	9	10	10	11	12	13	14	15	17	18	19	20
60	0,09	0,10	0,11	0,11	0,12	0,13	0,14	0,16	0,17	0,18	0,19	0,21
61	9	10	11	12	13	14	15	16	17	18	20	21
62	9	10	11	12	13	14	15	16	17	19	20	22
63	9	10	11	12	13	14	15	16	18	19	20	22
64	10	10	11	12	13	14	15	17	18	19	21	22
65	10	11	11	12	13	14	16	17	18	20	21	23
66	10	11	12	13	14	15	16	17	18	20	21	23
67	10	11	12	13	14	15	16	17	19	20	22	23
68	10	11	12	13	14	15	16	18	19	20	22	24
69	10	11	12	13	14	15	17	18	19	21	22	24
70	0,11	0,11	0,12	0,13	0,14	0,16	0,17	0,18	0,20	0,21	0,23	0,24
71	11	12	12	14	15	16	17	18	20	21	23	25
72	11	12	13	14	15	16	17	19	20	22	23	25
73	11	12	13	14	15	16	18	19	20	22	24	25
74	11	12	13	14	15	16	18	19	21	22	24	26
75	11	12	13	14	15	17	18	19	21	23	24	26
76	11	12	13	14	16	17	18	20	21	23	25	26
77	12	13	14	15	16	17	19	20	22	23	25	27
78	12	13	14	15	16	17	19	20	22	24	25	27
79	12	13	14	15	16	18	19	21	22	24	26	27
80	0,12	0,13	0,14	0,15	0,16	0,18	0,19	0,21	0,22	0,24	0,26	0,28

Tafel 3.

Kilogramm	0°	1°	2°	3°	4°	5°	6°	7°	8°	9°	10°	11°
	Zuschlag zu nebenstehenden Kilogramm in Liter											
81	0,09	0,09	0,09	0,08	0,08	0,08	0,09	0,09	0,09	0,10	0,11	0,11
82	10	9	9	9	8	9	9	9	9	10	11	11
83	10	9	9	9	9	9	9	9	10	10	11	12
84	10	9	9	9	9	9	9	9	10	10	11	12
85	10	9	9	9	9	9	9	9	10	10	11	12
86	10	9	9	9	9	9	9	9	10	10	11	12
87	10	10	9	9	9	9	9	10	10	11	11	12
88	10	10	9	9	9	9	9	10	10	11	11	12
89	10	10	9	9	9	9	9	10	10	11	12	12
90	0,10	0,10	0,10	0,09	0,09	0,09	0,10	0,10	0,10	0,11	0,12	0,13
91	11	10	10	9	9	9	10	10	10	11	12	13
92	11	10	10	10	9	10	10	10	11	11	12	13
93	11	10	10	10	10	10	10	10	11	11	12	13
94	11	10	10	10	10	10	10	10	11	11	12	13
95	11	10	10	10	10	10	10	10	11	12	12	13
96	11	11	10	10	10	10	10	11	11	12	12	13
97	11	11	10	10	10	10	10	11	11	12	13	14
98	11	11	10	10	10	10	10	11	11	12	13	14
99	11	11	10	10	10	10	10	11	11	12	13	14
100	0,12	0,11	0,11	0,10	0,10	0,10	0,11	0,11	0,12	0,12	0,13	0,14
105	12	12	11	11	11	11	11	12	12	13	14	15
110	13	12	12	11	11	11	12	12	13	13	14	15
115	13	13	12	12	12	12	12	13	13	14	15	16
120	14	13	13	12	12	12	13	13	14	15	16	17
125	15	14	13	13	13	13	13	14	14	15	16	17
130	15	14	14	13	13	13	14	14	15	16	17	18
135	16	15	14	14	14	14	14	15	16	16	18	19
140	16	15	15	15	14	15	15	15	16	17	18	20
145	17	16	15	15	15	15	15	16	17	18	19	20
150	0,17	0,17	0,16	0,16	0,15	0,16	0,16	0,16	0,17	0,18	0,20	0,21
155	18	17	16	16	16	16	16	17	18	19	20	22
160	19	18	17	17	16	17	17	18	18	20	21	22
165	19	18	18	17	17	17	18	18	19	20	21	23
170	20	19	18	18	17	18	18	19	20	21	22	24
175	20	19	19	18	18	18	19	19	20	21	23	24
180	21	20	19	19	19	19	19	20	21	22	23	25
185	21	20	20	19	19	19	20	20	21	23	24	26
190	22	21	20	20	20	20	20	21	22	23	25	27
195	23	21	21	20	20	20	21	21	22	24	25	27
200	0,23	0,22	0,21	0,21	0,21	0,21	0,21	0,22	0,23	0,24	0,26	0,28

Tafel 3.

Kilogramm	12°	13°	14°	15°	16°	17°	18°	19°	20°	21°	22°	23°
	Zuschlag zu nebenstehenden Kilogramm in Liter											
81	0,12	0,13	0,14	0,15	0,17	0,18	0,20	0,21	0,23	0,24	0,26	0,28
82	12	13	14	16	17	18	20	21	23	25	27	28
83	12	13	15	16	17	18	20	22	23	25	27	29
84	13	14	15	16	17	19	20	22	24	25	27	29
85	13	14	15	16	18	19	20	22	24	26	28	29
86	13	14	15	16	18	19	21	22	24	26	28	30
87	13	14	15	17	18	19	21	23	24	26	28	30
88	13	14	15	17	18	20	21	23	25	27	28	31
89	13	14	16	17	18	20	21	23	25	27	29	31
90	0,14	0,15	0,16	0,17	0,19	0,20	0,22	0,23	0,25	0,27	0,29	0,31
91	14	15	16	17	19	20	22	24	25	27	29	32
92	14	15	16	18	19	21	22	24	26	28	30	32
93	14	15	16	18	19	21	22	24	26	28	30	32
94	14	15	17	18	19	21	23	24	26	28	30	33
95	14	15	17	18	20	21	23	25	27	29	31	33
96	14	16	17	18	20	21	23	25	27	29	31	33
97	15	16	17	18	20	22	23	25	27	29	31	34
98	15	16	17	19	20	22	24	25	27	30	32	34
99	15	16	17	19	20	22	24	26	28	30	32	34
100	0,15	0,16	0,18	0,19	0,21	0,22	0,24	0,26	0,28	0,30	0,32	0,35
105	16	17	18	20	22	23	25	27	29	32	34	36
110	17	18	19	21	23	25	27	29	31	33	36	38
115	17	19	20	22	24	26	28	30	32	35	37	40
120	18	19	21	23	25	27	29	31	34	36	39	42
125	19	20	22	24	26	28	30	32	35	38	40	43
130	20	21	23	25	27	29	31	34	36	39	42	45
135	20	22	24	26	28	30	33	35	38	41	44	47
140	21	23	25	27	29	31	34	36	39	42	45	49
145	22	24	25	28	30	32	35	38	41	44	47	50
150	0,23	0,24	0,26	0,29	0,31	0,33	0,36	0,39	0,42	0,45	0,49	0,52
155	23	25	27	29	32	35	37	40	43	47	50	54
160	24	26	28	30	33	36	39	42	45	48	52	56
165	25	27	29	31	34	37	40	43	46	50	53	57
170	26	28	30	32	35	38	41	44	48	51	55	59
175	26	28	31	33	36	39	42	45	49	53	57	61
180	27	29	32	34	37	40	43	47	50	54	58	62
185	28	30	33	35	38	41	45	48	52	56	60	64
190	29	31	33	36	39	42	46	49	53	57	62	66
195	29	32	34	37	40	43	47	51	55	59	63	68
200	0,30	0,32	0,35	0,38	0,41	0,45	0,48	0,52	0,56	0,60	0,65	0,69

Tafel 3.

Kilogramm	0°	1°	2°	3°	4°	5°	6°	7°	8°	9°	10°	11°
	Zuschlag zu nebenstehenden Kilogramm in Liter											
220	0,3	0,2	0,2	0,2	0,2	0,2	0,2	0,2	0,3	0,3	0,3	0,3
240	3	3	3	2	2	2	3	3	3	3	3	3
260	3	3	3	3	3	3	3	3	3	3	3	4
280	3	3	3	3	3	3	3	3	3	3	4	4
300	0,3	0,3	0,3	0,3	0,3	0,3	0,3	0,3	0,3	0,4	0,4	0,4
320	4	4	3	3	3	3	3	4	4	4	4	4
340	4	4	4	4	3	4	4	4	4	4	4	5
360	4	4	4	4	4	4	4	4	4	4	5	5
380	4	4	4	4	4	4	4	4	4	5	5	5
400	0,5	0,4	0,4	0,4	0,4	0,4	0,4	0,4	0,5	0,5	0,5	0,6
420	5	5	4	4	4	4	4	5	5	5	5	6
440	5	5	5	5	5	5	5	5	5	5	6	6
460	5	5	5	5	5	5	5	5	5	6	6	6
480	6	5	5	5	5	5	5	5	6	6	6	7
500	0,6	0,6	0,5	0,5	0,5	0,5	0,5	0,5	0,6	0,6	0,7	0,7
520	6	6	6	5	5	5	6	6	6	6	7	7
540	6	6	6	6	6	6	6	6	6	7	7	8
560	7	6	6	6	6	6	6	6	6	7	7	8
580	7	6	6	6	6	6	6	6	7	7	8	8
600	0,7	0,7	0,6	0,6	0,6	0,6	0,6	0,7	0,7	0,7	0,8	0,8
620	7	7	7	6	6	6	7	7	7	8	8	9
640	7	7	7	7	7	7	7	7	7	8	8	9
660	8	7	7	7	7	7	7	7	8	8	9	9
680	8	7	7	7	7	7	7	7	8	8	9	9
700	0,8	0,8	0,7	0,7	0,7	0,7	0,7	0,8	0,8	0,9	0,9	1,0
720	8	8	8	7	7	7	8	8	8	9	9	0
740	9	8	8	8	8	8	8	8	9	9	1,0	0
760	9	8	8	8	8	8	8	8	9	9	0	1
780	9	9	8	8	8	8	8	9	9	1,0	0	1
800	0,9	0,9	0,8	0,8	0,8	0,8	0,8	0,9	0,9	1,0	1,0	1,1
820	1,0	9	9	8	8	9	9	9	9	0	1	1
840	0	9	9	9	9	9	9	9	1,0	0	1	2
860	0	9	9	9	9	9	9	9	0	0	1	2
880	0	1,0	9	9	9	9	9	1,0	0	1	1	2
900	1,0	1,0	1,0	0,9	0,9	0,9	1,0	1,0	1,0	1,1	1,2	1,3
920	1	0	0	1,0	9	1,0	0	0	1	1	2	3
940	1	0	0	0	1,0	0	0	0	1	1	2	3
960	1	1	0	0	0	0	0	1	1	2	2	3
980	1	1	0	0	0	0	0	1	1	2	3	4
1000	1,2	1,1	1,1	1,0	1,0	1,0	1,1	1,1	1,2	1,2	1,3	1,4

Tafel 3.

Kilogramm	12°	13°	14°	15°	16°	17°	18°	19°	20°	21°	22°	23°
	Zuschlag zu nebenstehenden Kilogramm in Liter											
220	0,3	0,4	0,4	0,4	0,5	0,5	0,5	0,6	0,6	0,7	0,7	0,8
240	4	4	4	5	5	5	6	6	7	7	8	8
260	4	4	5	5	5	6	6	7	7	8	8	9
280	4	5	5	5	6	6	7	7	8	8	9	1,0
300	0,5	0,5	0,5	0,6	0,6	0,7	0,7	0,8	0,8	0,9	1,0	1,0
320	5	5	6	6	7	7	8	8	9	1,0	0	1
340	5	6	6	6	7	8	8	9	1,0	0	1	2
360	5	6	6	7	7	8	9	9	0	1	2	2
380	6	6	7	7	8	8	9	1,0	1	1	2	3
400	0,6	0,6	0,7	0,8	0,8	0,9	1,0	1,0	1,1	1,2	1,3	1,4
420	6	7	7	8	9	9	0	1	2	3	4	5
440	7	7	8	8	9	1,0	1	1	2	3	4	5
460	7	7	8	9	9	0	1	2	3	4	5	6
480	7	8	8	9	1,0	1	2	2	3	4	6	7
500	0,8	0,8	0,9	1,0	1,0	1,1	1,2	1,3	1,4	1,5	1,6	1,7
520	8	8	9	0	1	2	3	4	5	6	7	8
540	8	9	9	0	1	2	3	4	5	6	7	9
560	8	9	1,0	1	2	2	3	5	6	7	8	9
580	9	9	0	1	2	3	4	5	6	7	9	2,0
600	0,9	1,0	1,1	1,1	1,2	1,3	1,4	1,6	1,7	1,8	1,9	2,1
620	9	0	1	2	3	4	5	6	7	9	2,0	2
640	1,0	0	1	2	3	4	5	7	8	9	1	2
660	0	1	2	3	4	5	6	7	8	2,0	1	3
680	0	1	2	3	4	5	6	8	9	0	2	4
700	1,1	1,1	1,2	1,3	1,4	1,6	1,7	1,8	2,0	2,1	2,3	2,4
720	1	2	3	4	5	6	7	9	0	2	3	5
740	1	2	3	4	5	6	8	9	1	2	4	6
760	1	2	3	4	6	7	8	2,0	1	3	5	6
780	2	3	4	5	6	7	9	0	2	4	5	7
800	1,2	1,3	1,4	1,5	1,6	1,8	1,9	2,1	2,2	2,4	2,6	2,8
820	2	3	4	6	7	8	2,0	1	3	5	7	8
840	3	4	5	6	7	9	0	2	4	5	7	9
860	3	4	5	6	8	9	1	2	4	6	8	3,0
880	3	4	5	7	8	2,0	1	3	5	7	8	1
900	1,4	1,5	1,6	1,7	1,9	2,0	2,2	2,3	2,5	2,7	2,9	3,1
920	4	5	6	8	9	1	2	4	6	8	3,0	2
940	4	5	7	8	9	1	3	4	6	8	0	3
960	4	6	7	8	2,0	1	3	5	7	9	1	3
980	5	6	7	9	0	2	4	5	7	3,0	2	4
1000	1,5	1,6	1,8	1,9	2,1	2,2	2,4	2,6	2,8	3,0	3,2	3,5